环境监测与生态环境保护

李向东　著

北京工业大学出版社

图书在版编目（CIP）数据

环境监测与生态环境保护 / 李向东著 . —北京：
北京工业大学出版社，2021.4
ISBN 978-7-5639-7909-7

Ⅰ . ①环… Ⅱ . ①李… Ⅲ . ①环境监测－研究②生态
环境保护－研究 Ⅳ . ① X8 ② X171.4

中国版本图书馆 CIP 数据核字（2021）第 081799 号

环境监测与生态环境保护

HUANJING JIANCE YU SHENGTAI HUANJING BAOHU

著　　者：李向东
责任编辑：李　艳
封面设计：知更壹点
出版发行：北京工业大学出版社
　　　　　（北京市朝阳区平乐园 100 号　邮编：100124）
　　　　　010-67391722（传真）　　bgdcbs@sina.com
经销单位：全国各地新华书店
承印单位：北京亚吉飞数码科技有限公司
开　　本：710 毫米 ×1000 毫米　1/16
印　　张：7.25
字　　数：145 千字
版　　次：2022 年 7 月第 1 版
印　　次：2022 年 7 月第 1 次印刷
标准书号：ISBN 978-7-5639-7909-7
定　　价：45.00 元

作者简介

李向东，生于 1974 年 2 月，内蒙古赤峰市人。毕业于内蒙古林学院，现任职于赤峰市生态环境局，副高职称。主要研究方向为环境监测、环境影响评价、环境信息化。工作以来，参与并主持多项课题，如"达里诺尔自然保护区珍稀鸟类栖息环境——湿地生态系统的保护与可持续利用研究""赤峰市农村面源环境污染防治研究"等，并荣获奖项。

前　言

随着社会经济和文明的持续发展，地球上的环境污染问题越来越严重。环境已成为我们广泛关注的对象，生态环境保护是一项重要工作。在生态环境保护工作开展的过程中，生态环境监测工作可以说是最基础的工作，能有效地促进环境保护工作的顺利进行。面对日益严峻的生态环境形势，社会大众对生态环境保护的关注度不断提高。基于此，本书对环境监测与生态环境保护展开了研究。

全书共七章。第一章为绪论，主要阐述环境监测的目的与分类、环境监测的特点与发展历程、环境监测的方法与技术、环境监测在生态环境保护中的作用和发展措施等内容；第二章为水和废水监测，主要阐述水资源与水污染，水质监测方案的制订，水样的采集、保存和预处理等内容；第三章为大气和废气监测，主要阐述了大气与大气污染、大气污染监测方案的制订、大气样品的采集等内容；第四章为土壤与固体废物的监测，主要阐述土壤组成与土壤污染、土壤环境监测方案的制订、土壤样品的采集与预处理、固体废物样品的采集与制备、固体废物有害特性监测等内容；第五章为自动监测，主要阐述环境自动监测和污染源自动监测等内容；第六章为生态环境监测的现状，主要阐述我国生态环境监测的现状、生态环境监测存在的问题、生态环境监测发展面临的新形势等内容；第七章为环境监测未来发展对生态环境保护的意义，主要阐述环境监测的未来发展趋势、环境监测对生态环境保护的意义等内容。

为了确保研究内容的丰富性和多样性，笔者在写作过程中参考了大量理论与研究文献，在此向涉及的专家学者表示衷心的感谢。

最后，限于笔者水平，加之时间仓促，本书难免存在一些不足，在此，恳请同行专家和读者朋友批评指正！

目 录

第一章　绪　论

对于生态环境保护工作而言，环境监测是其重要组成部分之一。依托精准的环境监测数据，可以及时发现环境中的污染问题，并结合实际情况，制订出富有针对性的生态环境保护方案。本章分为环境监测的目的与分类、环境监测的特点与发展历程、环境监测的方法与技术、环境监测在生态环境保护中的作用和发展措施四部分，主要包括环境监测的目的、环境监测的分类、环境监测的原则、环境监测的特点等方面的内容。

第一节　环境监测的目的与分类

一、环境监测的目的

通过开展环境监测工作，可以对环境中的污染源进行实时动态化监测。通过化验环境中的采样，可以对环境质量做出客观评价，并确定环境污染源对人的整体危害程度。在分析环境采样时，则需要依托环境监测技术。依托环境监测工作，环境保护人员可以及时找到环境污染源，并对症下药，制定出科学完善的生态环境保护策略。

环境监测的目的是准确、及时、全面地反映环境质量现状及发展趋势，为环境管理、污染源控制、环境规划等提供科学依据。具体可归纳为以下六条。

①根据环境质量标准，评价环境质量。

②根据污染特点、分布情况和环境条件，追踪寻找污染源，提供污染变化趋势，为实现监督管理、控制污染提供依据。

③收集本底数据，积累长期监测资料，为研究环境容量，实施总量控制、目标管理，预测预报环境质量提供数据。

④为保护人类健康、保护环境，合理使用自然资源，制定环境法规、标准、规划等服务。

⑤通过监测确定环保设施运行效果，以便采取措施和管理对策，达到减少污染、保护环境的目的。

⑥为环境科学研究提供科学依据。

二、环境监测的分类

（一）监视性监测

监视性监测是监测工作的主体，其工作质量是环境监测水平的标志。对指定的有关项目进行定期的长时间的监测，以确定环境质量及污染源状况、评价控制措施的效果、衡量环境标准实施情况和环境保护工作进展情况。这类监测包括污染源监测和环境质量监测。污染源监测，主要是指掌握污染物排放浓度、排放强度、负荷总量、时空变化等，为强化环境管理和贯彻落实有关法规、标准、制度等提供技术支持。环境质量监测，主要是指定期定点对指定范围的大气、水质、噪声、辐射、生态等各项环境质量因素状况进行监测分析，为环境管理和决策提供依据。

（二）特种目的监测

特种目的监测的内容、形式很多，但工作频率相对较低，主要包括污染事故监测、仲裁监测、考核验证监测、基线监测、健康监测、可再生资源监测和咨询服务监测七个方面。

①污染事故监测。在发生污染事故时进行应急监测，以确定污染物扩散方向、速度和危及范围，为控制污染提供依据。这类监测常采用流动监测（车、船等）、简易监测、低空航测、遥感等手段。

②仲裁监测。仲裁监测主要针对污染事故纠纷处理、环境法执行过程中所产生的矛盾进行监测。仲裁监测应由国家指定的权威部门进行，以提供具有法律效力的数据（公证数据），供执法、司法部门仲裁。

③考核验证监测。此类监测主要是指设施验收、环境评价、机构认可和应急性监督监测能力考核等监测工作。包括人员考核、方法验证和污染治理项目竣工时的验收监测。

④基线监测。此类监测设在无污染的地区，为环境评价提供背景资料，这种监测多与气象站结合进行。

⑤健康监测。这是一种非常重要的监测，主要目的是了解环境对人体健康的影响。

⑥可再生资源监测。可再生资源监测包括土壤、草原、森林等自然资源的监测，主要监测土壤退化趋势、热带雨林及牧场变化等。

⑦咨询服务监测。此类监测是指为政府部门、科研机构、生产单位提供的服务性监测。例如，建设新企业应进行环境影响评价，需要按评价要求进行监测。

（三）研究性监测

研究性监测是针对特定目的的科学研究而进行的高层次的监测。这类研究往往要求多学科合作进行，并且事先必须制订周密的研究计划。

（四）其他监测

除了上述分类外，环境监测按其监测对象可分为水质监测、空气监测、土壤监测、固体废物监测、生物监测、噪声和振动监测、电磁辐射监测、放射性监测、热监测、光监测等。

按监测部门可分为基线监测（气象部门）、卫生监测（卫生部门）、例行监测（环境保护部门）和资源监测（资源管理部门）等。

三、环境监测的原则

在环境监测中，由于人力、监测手段、经济条件、仪器设备等限制，不可能无选择地监测分析所有的污染物，应根据需要和可能，坚持以下原则。

（一）选择监测对象的原则

①在实地调查的基础上，针对污染物的性质，选择那些毒性大、危害严重、影响范围广的污染物。

②对选择的污染物必须有可靠的测试手段和有效的分析方法，从而保证能获得准确、可靠、有代表性的数据。

③对监测数据能做出正确的解释和判断。如果该监测数据既无标准可循，又不能了解对人体健康和生物的影响，会使监测工作陷入盲目的地步。

（二）优先监测的原则

需要监测的项目往往很多，但不可能同时进行，必须坚持优先监测的原则。对影响范围广的污染物要优先监测。例如，燃煤污染、汽车尾气污染是全球性的问题，许多公害事件都是由它们造成的。因此，目前在大气中要优先监测的项目有二氧化硫、氮氧化物、一氧化碳、臭氧、飘尘及其组分、降尘等。水质监测可根据水体功能的不同，确定优先监测项目，如饮用水源要根据饮用水标准列出的项目安排监测。对于那些具有潜在危险，并且污染趋势有可能上升的项目，也应优先监测。

四、环境监测的内容

人类生存在地球表面上，地球可划分为不同物理化学性质的圈层；覆盖地球表面的大气圈；以海洋为主的水圈；构成地壳的岩石圈及它们共同构成生物生存与活动的生物圈等。它们总称为人类生存与活动的环境。环境监测就以这个环境和各个部分为对象，监测影响环境的各种有害物质和因素。

物质从宏观上说是由元素组成的；从微观结构上说是由分子（多以共价键）、原子（以金属键）或离子（离子键）构成的。根据组成和结构的不同，物质有两种形式：一种是无机物；另一种是有机物。

无机物：单质（包括金属、非金属等）和化合物（包括氧化物、络合物及酸、碱、盐等）。

有机物：碳氢化合物，包括烃类（链烃和环烃）和烃的衍生物（包括卤代烃、酚、醛、酮、酯、胺、酰胺、硝基化合物等）。在自然界中无机物有 10 多万种，有机化合物有 600 多万种，所以影响环境的各种有害物质和因素的监测必然是：无机（包括金属和非金属）污染物监测、有机（包括农药、化肥）污染物监测及物理能量（噪声、振动、电磁、热、放射性）污染监测。故而我们可以依据不同污染物特性，有针对性地选用不同的监测分析技术和方法。对于无机污染物宜用离子、原子分析技术，对于有机污染物适用分子分析、色谱法等。

通常环境监测的内容根据监测的介质（或环境要素）的不同可分为：空气污染监测、水质污染监测、土壤监测、生物监测、生态监测、物理污染监测等。

（一）空气污染监测

空气污染监测指监测和检测空气中的污染物及其含量，目前已认识的空气污染物有 100 多种，这些污染物以分子和粒子两种形式存在于空气中。分子状污染物的监测项目主要有二氧化硫（SO_2）、二氧化氮（NO_2）、一氧化碳（CO）、臭氧（O_3）、总氧化剂、卤化氢以及碳氢化合物等监测。粒子状污染物监测项目包括总悬浮颗粒物（TSP）、自然降尘量及尘粒的化学组成等。此外还有酸雨的监测，局部地区还可根据具体情况增加某些特有的监测项目。

因为空气污染的浓度与气象条件有密切关系，在监测空气污染的同时要测定风向、风速、气温、气压等气象参数。

（二）水质污染监测

水质污染监测项目有很多，就水体来说有未被污染或已受污染的天然水（包括江、河、湖、海和地下水）、各种各样的工业废水和生活污水等。其主要监测项目大体可分为两类：一类是反映水质污染的综合指标，如温度、色度、浊度、pH 值、电导率、悬浮物、溶解氧（DO）、化学需氧量（COD）和生化需氧量（BOD）等；另一类是一些有毒物质，如酚、氰、砷、铅、铬、镉、汞、镍和有机农药、苯并芘等。除上述监测项目外，还要对水体的流速和流量进行测定。

（三）土壤监测

土壤污染主要是由两方面因素所引起：一方面是工业废弃物，主要是废水和废渣；另一方面是使用化肥和农药所引起的副作用。其中，工业废弃物是土壤污染的主要原因（包括无机污染和有机污染）。土壤污染的主要监测项目是对土壤、作物有害的重金属（如铬、铅、镉、汞）及残留的有机农药等进行监测。

（四）生物监测

与人类一样，地球上的生物也是以大气、水体、土壤以及其他生物为生存和生长的条件的。动物和植物，都是从大气、水体和土壤（植物还有阳光）中直接或间接地吸取各自所需的营养的。在它们吸取营养的同时，某些有害的污染物也进入体内，其中有些毒物在不同的生物体中还会被富集，从而使动植物生长和繁殖受到损害，甚至死亡。受害的生物、作物，用于人的生活，也会危害人体健康。因此，生物体内有害物的监测、生物群落种群的变化监测也是环境监测的项目之一。具体监测项目依据需要而定。

（五）生态监测

生态监测就是指观测与评价生态系统对自然变化及人为变化所做出的反应，是对各类生态系统结构和功能的时空格局的度量。它包括生物监测和地球物理化学监测。生态监测是比生物监测更复杂、更综合的一种监测技术，是以生命系统（无论哪一层次）为主进行环境监测的技术。

（六）物理污染监测

物理污染监测包括噪声、振动、电磁辐射、放射性等物理能量的环境污染监测。虽然不同于化学污染物质引起的人体中毒，但超过其阈值会直接危害人的身心健康，尤其是放射性物质所产生的 α、β 和 γ 射线对人体损害很大，所以物理因素的污染监测也是环境监测的重要内容。

上述的监测对象基本上都包括环境监测和污染源监测。这里所谓环境，可以是一个企业、矿区、城市地区、流域等。在任何一个监测对象中都包括许多项目，要适当加以选择。因为环境监测是一项复杂而繁重的工作，监测的内容和项目是很多的。在实际工作中，由于受人力、物力及技术水平和环境条件的限制，不能也不可能对所涉及的项目全部进行监测。因此，要根据监测目的、污染物的性质和危害程度，对监测项目进行必要的筛选，从中挑选出对解决问题最关键和最迫切的项目。选择监测项目应遵循以下原则。

①对污染物的性质（如自然性、化学活性、毒性、扩散性、持久性、生物可分解性和积累性等）进行全面分析，从中选出影响面广、持续时间长、不易或不能被微生物所分解而且能使动植物发生病变的物质作为日常例行的监测项目。对某些有特殊目的或特殊情况的监测工作，则要根据具体情况和需要选择要监测的项目。

②需要监测的项目，必须有可靠的监测手段，并保证能获得满意的监测结果。

③监测结果所获得的数据，要有可比较的标准或能做出正确的解释和判断，如果监测结果无标准可比，又不了解所获得的监测结果对人体和动植物的影响，将会使监测陷入盲目性。

第二节 环境监测的特点与发展历程

一、环境监测的特点

环境监测以环境中的污染物为对象，这些污染物种类繁多，分布极广。因此，环境监测受对象、手段、时间和空间多变性、污染组分复杂性的影响，具有下列显著特点。

（一）环境监测的综合性

环境监测的对象涉及"三态"（气态、液态、固态）、"一波"（如热波、电波、磁波、声波、光波、振动波、辐射波等）以及生物等诸多客体。环境监测方法包括化学、物理、生物以及互相结合等多种方法。环境监测数据解析评价涉及自然科学、社会科学等许多领域。所以环境监测具有很强的综合性，只有综合应用各种手段，综合分析各种客体，综合评价各种信息，才能较为准确地揭示监测信息的内涵，说明环境质量状况。

（二）环境监测的连续性

由于环境污染具有时空变异性等特点，所以监测数据如同水文气象数据一样，累积时间越长越珍贵。只有在有代表性的监测点位连续监测，才能从大量的数据中揭示污染物的变化规律，预测其变化趋势。因此，监测网络、监测点位的选择一定要科学，而且一旦监测点位的代表性得到确认，必须长期坚持，以保证前后数据的可比性。

（三）环境监测的追踪性

要保证监测数据的准确性和可比性，就必须依靠可靠的量值传递体系进行数据的追踪溯源。根据这个特点，要建立环境监测质量保证体系。

（四）环境监测的执法性

环境监测不同于一般检验测试，它除了需要及时、准确提供监测数据外，还要根据监测结果和综合分析结论，为主管部门提供决策建议，并按照授权进行执法性监督控制。

二、环境监测的发展历程

工业革命以来，发达国家工业化进程中发生了震惊世界的"八大公害"事件。环境问题的出现使"环境质量"概念被人们接受，环境监测应运而生。为探寻区域或流域环境质量变化趋势，人类开始认识自然界、经济社会活动中的污染物性质、来源、浓度、时空变化规律，着眼污染源与环境要素化学污染物质和水陆生物定性、定量分析，以及噪声、振动、辐射等物理测定，统称"环境监测"。然而，判断区域或流域环境质量优劣，瞬间采样分析和现场测试，仅能反映区域或流域特定环境条件下某一时刻的环境质量状况，依此做出的环境质量评价是片面的。

（一）环境保护问题的提出与发展

第二次世界大战后，许多国家急于发展经济，通常是先污染后治理、先破坏后恢复，环境污染与生态破坏迅速从地区性问题发展成全球性问题，出现了气候异常、臭氧层破坏、森林破坏与生物多样性减少、酸雨污染、土地荒漠化、国际水域与海洋污染、有毒化学品污染和危险废物越境转移等一系列国际社会强烈关注的热点和难点问题。围绕着环境问题及其解决措施，世界各国和地区在经济、政治、技术、贸易等方面形成了十分复杂的对抗与合作关系，并建立起一个庞大的国际环境条约体系，已经和正在影响着全球经济、政治、科学技术的走向。

20世纪70年代以来，世界各国普遍认识到：在发展经济的同时，必须保护人类赖以生存的环境，增强责任感与使命感。环境与发展成为全球性重大课题，与之相关的理论和思想应运而生。

人类控制污染与保护环境的历程，概括起来，大体可划分为三个历史阶段。

1. 萌芽阶段：英国工业革命前

此前，人类社会处于自给自足的自然经济时期，其发展与进步主要依靠种植业和畜牧业，对自然环境的依赖性相对较大，人类活动对自然生态系统的破坏，以及造成的损失还不足以危害、威胁到人类的生存与繁衍，控制污染与保护环境的思想和方法尚未出现。当人类面对发展过程中遇到的洪水泛滥、干旱、土地荒漠化等生态破坏问题时，才提出了一些不自觉控制污染和保护环境的思想与方法。这些思想与方法形成了西方和中国古代控制污染与保护环境的源流，但与现代意义的环境保护相距甚远。

2. 新兴阶段：英国工业革命至 20 世纪 70 年代

18 世纪，蒸汽机的发明标志着西方工业革命的到来，工业革命给人类带来希望和欣喜。机器工业化大生产的兴起，推动了城市化进程；科学技术的进步，提高了人类的生活水平。然而，工业革命给人类带来欣喜的同时，伴随着诸多人们意想不到的后果——一系列重大环境问题，甚至埋下人类生存与发展的潜在威胁。

当人类陶醉于工业革命的伟大胜利时，环境污染与生态破坏出现，工业化进程的环境污染由点到面蔓延，终于酿成全球性公害。由"八大公害"事件，可以窥见西方工业革命环境问题的严重性。

20 世纪 50—60 年代，西方国家一些新闻媒体开始公开报道"八大公害"事件的真相，著名的社会人士纷纷撰文，呼吁采取行动；那些富有责任感和开拓精神的科学家感到，有必要进一步增进人类对地球环境的全面认识，使用科学技术手段解决各类环境问题，以重建自然与社会环境新秩序。进入 20 世纪 70 年代，人们认识到：环境问题，不仅是污染问题，而且包括自然资源和生态破坏问题等；既是科技水平问题，也是重大经济社会问题。期间，西方一些著名学者对环境与发展问题展开激烈争论，同时，规模空前、声势浩大的群众性"环境运动"此起彼伏，广泛唤起了社会公众的环境意识，直接和间接地为"斯德哥尔摩人类环境会议"的召开做了舆论准备。

1972 年 6 月召开的"斯德哥尔摩人类环境会议"是控制污染与保护环境的第一个里程碑，代表人类进入了解决全球性环境问题的新兴阶段，会议广泛研讨并总结了有关保护人类环境的理论和现实问题，制定了对策和措施，提出了"只有一个地球"的口号，并呼吁各国政府和人民为维护和改善人类环境、造福子孙后代而共同努力。

3. 发展阶段：20 世纪 70 年代至今

20 世纪 70 年代以来，人类为保护地球环境进行了不懈努力，并取得一定成效。然而，人类控制污染与保护环境的行动过于迟缓，较全球环境恶化的速度相距甚远。1984 年英国科学家发现，1985 年美国科学家证实，在南极上空出现"臭氧空洞"，这一发现引起了全球环境问题新一轮认识高潮，其核心是与人类生存休戚相关的"全球变暖""臭氧层破坏""酸雨沉降"三大全球环境问题。人类生存与发展面临前所未有的严峻挑战。因此，1989 年 12 月召开的联合国大会决定：1992 年 6 月，在巴西里约热内卢举行一次环境问题首脑会议——联合国"环境与发展大会"。在会上，"高消费、重污染"的传统发展模式受到批判，发展经济与保护环境相互协调，走"可持续发展"道路，成为各国共识和会议基调。这次会议，标志着人类认识环境问题上升到一个新高度，是控制污染与保护环境思想的又一次进步。如果将 1972 年召开的"斯德哥尔摩人类环境会议"作为环境保护史上第一座里程碑，那么，1992 年召开的联合国"环境与发展大会"即第二座里程碑。

联合国"环境与发展大会"通过了《里约环境与发展宣言》和《21 世纪议程》两个纲领性文件，以及《关于森林问题的原则声明》，签署了《联合国气候变化框架公约》和《生物多样性公约》。这些文件充分体现了当今人类社会可持续发展的新思想，反映了环境与发展领域合作的全球共识和最高级别的政治承诺。

对立统一规律是一切事物运动和发展的基本规律。发展经济与保护环境，既相互制约，又相互依存、相互促进。单纯的经济增长不等于发展，发展的动力不仅来自经济系统内部，还来自环境与经济的矛盾运动。没有经济发展就不会产生环境与经济的矛盾，没有环境保护就不会提出"可持续发展"。诚然，环境问题的产生与解决，同样是历史的必然。环境与发展思想，正是对立统一规律的哲学思辨。

（二）我国环境监测工作的沿革

1972 年 6 月，"斯德哥尔摩人类环境会议"后，中国政府开始重视环境保护工作。1973 年 8 月，国务院在北京召开"第一次全国环境保护工作会议"；同年，国务院和各省（自治区、直辖市）相继成立环境保护行政管理和环境监测机构。

1978 年下半年，改革开放使全国环境保护工作迎来了历史性机遇，各级环境管理与环境监测机构陆续建立并独立设置，开始探索环境管理工作方法和途径，以及工业污染源和环境要素监测方法、技术路线。1980 年 12 月，国务院环境保护领导小组办公室（以下称"国务院环境保护办公室"）在山东省潍坊市召开"第一次全国环境监测工作会议"，部署编写各省（自治区、直辖市）和省辖地（市）《环境质量报告书》；1981 年 8 月，国务院环境保护办公室在江西省井冈山市召开"第二次全国环境监测工作会议"，部署全国环境监测工作；"八五"期间，相继成立中国环境监测总站，补充、完善省、市、县级环境监测站（以下称"环境监测机构"），初步形成了国家、省、市、县级环境监测体系。

1983 年 7 月 21 日，城乡建设环境保护部颁布了《全国环境监测管理条例》

（城环字〔1983〕483 号），规定了国家、省、市、县级环境监测机构规模和人员编制、仪器设备标准、职责与职能、监测站管理、监测网建设、监测报告制度等。1984 年 10 月，城乡建设环境保护部在青海省西宁市召开"第三次全国环境监测工作会议"，部署了全国环境监测管理机构改革和提高环境监测能力的任务，提出了环境监测规范化、仪器装备现代化、监测站点网络化、采样布点规范化、分析方法标准化、数据处理微机化、质量保证系统化的奋斗目标。

1990 年 4 月，国家环境保护局在上海市召开"第四次全国环境监测工作会议"，提出了环境管理必须依靠环境监测、环境监测必须为环境管理服务的方针，强调完善监测体系，掌握两个动态，提高环境管理服务效能。1990 年 12 月 5 日，《国务院关于进一步加强环境保护工作的决定》指出，逐步推行污染物排放总量控制和排污许可证制度，建立环境状况报告制度，省级以上人民政府环境保护行政主管部门必须定期发布环境状况公报。1991 年，在优化布局的基础上，建立起由 200 个城市环境监测机构组成的"国家环境监测网络"，初步形成了国家、省、市级环境监测网络体系。

国家环境保护局《关于进一步加强环境监测工作的决定》（环监〔1994〕142 号）指出，环境监测属政府行为，是政府履行环境管理职能的重要阵地，是为环境执法提供技术支持、技术监督、技术服务的过程。国家环境监测机构为全国环境监测网络中心、技术中心、数据中心、培训中心，履行监测信息综合处理、监测技术决策与指导任务；省级环境监测机构为全省（市、区）环境监测网络中心、技术中心、数据中心，开拓监测领域和服务功能；市、县级环境监测机构保证各项指令性监测，加强综合分析能力；组建了长江、淮河、辽河、海河、太湖、近岸海域环境监测网，完善了全国环境监测网络体系。《环境监测报告制度》（环监〔1996〕914 号）规定了监测报告形式（数字型、文字型）、类型（快报、简报、月报、季报、年报、环境质量报告书、污染源监测报告）、编制内容、编制单位、报送时限、报告管理。

《国务院关于环境保护若干问题的决定》（国发〔1996〕31 号）要求，强化环境监督管理，加强环境监测技术研究。"八五"期间，国家财政支持，启动全国 46 个重点城市和其他部分城市环境空气、地表水环境自动监测站建设，"九五"期间逐步形成监测能力。1997 年 5 月起，通过新闻媒体向国内外发布了城市环境空气质量周报和重点流域水质监测月报，环境监测工作迈上新台阶。

2002 年 10 月，国家环境保护总局在北京市召开"第六次全国环境监测工作会议"，在完善城市环境空气、地表水环境自动监测站的基础上，建立城市重点污染源在线监控系统。通过努力，全国各级环境监测机构的监测能力进一步提升，已实现城市环境空气质量日报、重点流域水质周报、重点大气和水污染源实时监控、重点城市雾霾预警预报，已建立突发环境事件应急监测体系，城市环境空气质量、重点流域水质正向时报发展。

国家环境保护总局印发的《环境监测站建设标准（试行）》（环发〔2002〕118号），规定了各级环境监测机构人员编制与结构、监测业务经费与用房、监测站基本仪器设备配置和专项监测工作增加的基础仪器设备标准；《环境监测管理办法》（国家环境保护总局令 第39号），规定了县级以上环境保护系统的环境监测活动、监测工作职责、技术规范、信息发布与管理、环境监测网、业务指导和技术培训、能力建设标准、质量核查、监测工作标志、财政经费，法律责任等。国家环境保护总局印发的《全国环境监测站建设标准》（环发〔2007〕56号），进一步规范了各级环境保护系统的环境监测机构东部、中部、西部人员编制与结构、监测经费、监测用房、基本仪器配置、应急监测仪器配置、专项监测仪器配置标准。

《国务院关于落实科学发展观加强环境保护的决定》（国发〔2005〕39号）进一步强调，各级人民政府要确保环境监测事业经费支出，加强环境保护队伍和能力建设，完善环境监测网络，建立环境事故应急监控和重大环境突发事件预警体系，实行环境质量公告制度，发布城市空气质量、城市噪声，饮用水水源水质、流域水质、近岸海域水质生态状况评价等环境信息。《国务院关于加强环境保护重点工作的意见》（国发〔2011〕35号）要求，完善主要污染物减排统计、监测和考核体系，提高环境应急监测能力，健全环境监测体系；增加《环境空气质量标准》（GB 3095—2012）中污染物监测指标，改进环境质量评价方法；建立生物多样性监测、评估与预警体系；推进监测能力标准化建设，完善地级以上城市空气质量、重点流域、地下水、农产品产地国家重点监控点位和自动监测网络，扩大监测范围，建设国家环境监测网；推进环境专用卫星建设及其应用，提高遥感监测能力；加强污染源在线监控系统建设运行维护、监督管理和物联网在污染源在线监控、环境质量实时监测领域的应用，完善环境监测体制机制。

第三节 环境监测的方法与技术

一、环境监测方法

（一）化学分析法

化学分析法是以化学反应为基础的分析方法，分为重量分析法和滴定分析法两种。

1. 重量分析法

重量分析法是用适当方法先将试样中的待测组分与其他组分分离，转化为一定的称量形式，用称量的方法测定该组分含量的方法。重量分析法主要用于环境空气中总悬浮颗粒物、可吸入颗粒物（PM10）、降尘、烟尘、生产性粉尘以及废水中悬浮固体、残渣、油类等项目的测定。

2. 滴定分析法

滴定分析法是将一种已知准确浓度的溶液（标准溶液），滴加到含有被测物质的溶液中，根据化学计量定量反应完全时消耗标准溶液的体积和浓度，计算出被测组分的含量。根据化学反应类型的不同，滴定分析法分为酸碱滴定法、配位滴定法、沉淀滴定法和氧化还原滴定法 4 种。滴定分析法主要用于水中酸碱度、氨氮、化学需氧量、生化需氧量、溶解氧、S^{2-}、氯化物、氯化物、硬度、酚及废气中铅的测定。

（二）仪器分析法

仪器分析法是利用被测物质的物理或化学性质来进行分析的方法。例如，利用物质的光学性质、电化学性质进行分析。因为这类分析方法一般需要使用精密仪器，所以称为仪器分析法。

1. 光谱法

光谱法是根据物质发射、吸收辐射能，通过测定辐射能的变化，确定物质的组成和结构的分析方法。光谱法主要有以下几种。

（1）紫外-可见分光光度法

紫外-可见分光光度法是根据具有某种颜色的溶液对特定波长的单色光

13

（可见光或紫外光）能够选择性吸收，且溶液对该波长光的吸收能力（吸光度）与溶液的色泽深浅（待测物质的含量）成正比，即符合朗伯－比尔定律。在环境监测中可用紫外－可见分光光度法测定许多污染物，如砷、铬、镉、铅、汞、锌、铜、酚、硒、氟化物、硫化物、氰化物、二氧化硫、二氧化氮等。

（2）原子分光光度法

原子分光光度法指进行环境监测工作时，通过分光了解目标物中所含有的污染物种类，随后利用定量分析方法，确定此类污染物的具体含量。该技术从微观角度对污染物内容进行分析，可以鉴别的污染物包括砷、硒、锑等，同时操作效率和灵敏度较高，也是经常使用到的检测技术。

（3）原子发射光谱法

原子发射光谱法的应用原理是借助气态原子在应用过程中，可以对一定波长的光辐射进行吸收，而且根据不同原子内部电子能级的差异性，其可以吸收的辐射光也存在较大的差异性，而共振过程中所吸收的波长，也会和原子激发后光谱波长存在一致性，此时利用仪器对波长情况进行整理，从而获取到相应的光谱图，通过对光谱图内容进行分析，根据波峰、波谷等反馈情况，了解目标物中所含有的污染物种类，随后利用定量分析方法，确定此类污染物的具体含量。

（4）原子荧光光谱法

原子荧光光谱法是根据气态原子吸收辐射能，从基态跃迁至激发态，再返回基态时产生紫外可见荧光，通过测量荧光强度对待测元素进行定性、定量分析的一种方法。原子荧光分析对锌、镉、镁等具有很高的灵敏度。

（5）红外吸收光谱法

红外吸收光谱法是利用物质对红外区域辐射的选择吸收，对物质进行定性、定量分析的方法。应用该原理已制成了一氧化碳、二氧化碳、油类等专用监测仪器。

（6）分子荧光光谱法

分子荧光光谱法是根据物质的分子吸收紫外光、可见光后所发射的荧光进行定性、定量分析的方法。通过测量荧光强度可以对许多痕量有机和无机组分进行定量测定。在环境分析中主要用于强致癌物质——苯并芘、硒、铵、油类、沥青烟的测定。

2. 电化学分析方法

电化学分析方法是利用物质的电化学性质，通过电极作为转换器，将被测物质的浓度转化成电化学参数（电导、电流、电位等）再加以测量的分析方法。

（1）电导分析法

电导分析法是通过测量溶液的电导（电阻）率来确定被测物质含量的方法，如水质监测中电导率的测定。

（2）电位分析法

电位分析法是将指示电极和参比电极与试液组成化学电池，通过测定电池电动势（或指示电极电位），利用能斯特公式直接求出待测物质浓（活）度的方法。电位分析法已广泛应用于水质中 pH 值、氟化物、氯化物、氨氮、溶解氧等的测定。

（3）库仑分析法

库仑分析法是通过测定电解过程中消耗的电量（库仑数），求出被测物质含量的分析方法。其可用于测定空气中二氧化硫、氮氧化物以及水质中化学需氧量和生化需氧量。

（4）伏安和极谱法

伏安和极谱法是用微电极电解被测物质的溶液，根据所得到的电流－电压（或电极电位）极化曲线来测定物质含量的方法。其可用于测定水质中铜、锌、镉、铅等重金属离子。

3. 色谱分析法

色谱分析法是一种多组分混合物的分离、分析方法。它根据混合物在互不相溶的两相（固定相与流动相）中分配系数的不同，利用混合物中的各组分在两相中溶解－挥发、吸附－脱附性能的差异，达到分离的目的。

（1）气相色谱分析法

气相色谱分析法是采用气体作为流动相的色谱法，在环境监测中常用于苯、二甲苯、多氯联苯、多环芳烃、酚类、有机氯农药、有机磷农药等有机污染物的分析。

（2）液相色谱分析法

液相色谱分析法是采用液体作为流动相的色谱法，可用于高沸点、难气化、热不稳定的物质的分析，如多环芳烃、农药、苯并芘等。

（3）离子色谱分析法

进行环境监测工作时，离子色谱检测技术也属于常用检测方法，该方法的应用原理是，借助仪器对离子进行交换、分离处理，常用方式包括高效离子交换色谱、离子排斥色谱和离子对色谱，利用此类分离机理对所需离子内容进行分离，同时借助光谱图来完成内容整理，从而获取到可靠的数据分析结果，辨别污染物种类和具体浓度。该技术也是从微观角度对污染物内容进行分析的，离子色谱分析法在应用过程中，能够完成氟离子、氯离子、溴离子、亚硝酸根离子等阴离子检定，同时也可以检定铵根离子、钠离子、钙离子等金属离子，具备良好的兼容性。

二、环境监测技术

（一）生物跟踪技术

在环境监测中，生物跟踪技术已经成为一种常见的跟踪技术。它具有操作简便、精度高、跟踪直观、速度较快等优点。将此技术应用于环境监测中，可以达到比较理想的监控效果。它将生物控制技术（主要包括微生物学、分析生物学及其他学科）与化学工程、计算机技术结合起来，是一种综合的技术产品。使用该技术可以获得有关环境监测更为完整的信息，同时可以有效地对有可能出现的问题进行早期预警，从根本上确保环境的健康与稳定。

（二）3S 技术

3S 技术是遥感技术（RS）、地理信息系统（GIS）以及与全球定位系统（GPS）的统称和集合。与其他监测技术相比，在实际应用中 3S 技术在获取、分析、处理和使用环境监测数据方面的能力具有更多优势。它可以尽快获取有关监测环境的准确信息。

通常，该技术具有广泛的应用范围，除了监测大气和土壤环境外，还可以用于监测和管理水。我们将尽最大努力在水资源管理中使用 3S 技术获取有关水质的所有信息，然后对水资源进行水基调查，并在此基础上对水资源进行适当的环境评估，以获取更完整的水资源信息。总的来说，水监测主要包括以下几个方面：水监测评估、湿地现状监测以及对环境用水现有变化分析的监测。

除上述内容外，3S 技术还可用于控制湿地。因此，3S 技术的应用可以为一个国家的环境工作提供准确和全面的信息，也可以为环境管理工作提供更加科学和可靠的信息。

（三）信息技术

科学技术的高速发展，使得信息技术在我国各个领域都有所普及，环境监测领域也不例外。利用信息技术中独特的无线网络技术，可以将受控的环境数据尽快传输到特定的数据中心，进而提供准确的查询信息。与其他的环境监测技术相比较，信息技术具有很强的适应性，可在相对恶劣的环境条件下进行监测。

除此之外，信息技术还可以应用于水质控制操作，利用信息技术领域中独特的可编程逻辑控制器（PLC）技术进行远程水质控制，可以在最短的时间内获得优良水质的位置和现状、用水量等一些基本信息，在实际工作中为环境监测人员提供更完整的水文信息，这些信息可以让未来的环境工作做得更好。

第四节 环境监测在生态环境保护中的作用和发展措施

一、环境监测在生态环境保护工作中的作用

（一）环境监测可以增强环境保护工作的科学性

科技是社会发展的基础条件，社会的进步离不开科技的发展。环境监测对于科学研究的有效开展有着重要意义。在实际开展环境保护工作时，环境监测通过其提供的丰富数据信息，极大地提升环境保护工作效率的同时，也增强了环境保护工作的科学性。例如，在实施生物资源监测时，利用环境监测为微生物研究室提供数据，可以促进生物资源监测工作的高效进行。因此，做好环境监测工作，能够保障环境保护工作的科学发展，对于社会的进步也有一定推动作用。

（二）环境监测可以促进城市规划合理开展

环境与经济的发展息息相关。在现阶段，我国的经济发展要结合环境保护工作，在保护环境的基础上进行。

在制定城市规划工作时，必须要与城市发展内容相结合，确保能够促进城市发展，并助力经济建设。此外，城市规划必须要基于城市发展的实际情况，充分考量城市经济发展参数和环境保护的各项数据，建立城市环境监测数据库，进而促进城市规划合理开展。

二、环境监测在生态环境保护工作中的发展措施

（一）培养环境监测人才

环境监测工作具有较强的专业性和技术性，所以对于监测人员的专业技术能力要求相对较高，监测人员必须经过严格的考核之后才能实际进行环境监测工作，并根据国家制定的监测分析方式来进行监测工作。环境保护部门需定期对环境监测人员开展相应的培训工作，并督促其参与其他监测单位的技术培训，从而不断提升监测人员的专业技能。同时，应促使相关人员在进行环境监测工作的过程中树立正确的工作态度，科学开展环境监测工作，提高监测工作的精确度。

（二）提升环境监测技术

在环境监测工作展开的过程中，监测技术的使用非常关键。由于当前环境比较复杂，所以在环境监测工作展开过程中，对于环境监测的数据指标要求比较严格，而采用人工环境监测技术存在监测效率较低、监测精度失准的问题，影响环境监测质量。

在当前环境监测工作展开过程中，应该对环境监测工作进行技术提升，通过技术提升实现对环境监测效率和精度的提升。在当前环境监测工作中，提升环境监测技术可以从以下几方面进行。

第一，环境管理以及环境监测相关部门应该投入适当的资金做好环境监测技术投入工作，在实际环境监测技术提升工作中，相关部门应该投入资金引进新式的环境监测设备和相关技术，保证环境监测部门的优化更有效果，在一定程度上提高环境监测质量。

第二，在环境监测技术提升过程中，应该注重环境监测技术的研发。环境监测部门应该成立自身的技术部门，通过技术部门的有效成立，在最大限度上确保环境监测工作的有效展开，保证环境监测工作的效率。环境监测技术研究部门，应该创新环境监测技术，在环境监测技术的具体应用过程中，加大环境监测技术的研发力度，以研发出适合我国环境监测的新技术设备以及新监测技术。

第三，在环境监测技术提升过程中，还应该注重环境监测技术实施制度规划，包括技术使用规范、技术设备养护管理制度等，保证环境监测技术能够更加有效，在最大限度上提升环境监测质量。

（三）完善环境监测管理制度

开展环境监测工作对于环境保护有非常重要的作用，所以在当前环境保护工作中，优化环境监测工作非常重要，也有利于环境管理工作效率的提升。在环境监测工作优化过程中，首要工作就是优化环境监测工作制度，通过制度的优化，保证环境监测制度工作能够合理地提升。在环境监测工作制度优化的过程中，应该从以下几方面做起。

第一，环境监测流程制度优化。我国国土面积广大，自然环境复杂，影响到了具体的环境监测工作的展开。各地区在环境监测中使用同样的流程进行环境监测将会在一定程度上影响到环境监测的效果和质量。因此，在实际的环境监测过程中，应该使用统一和特殊两种环境监测制度，即国家环境监测部门实施统一的环境监测标准流程制度，地方区域可以根据地方环境情况酌情制定特殊性的环境监测流程制度，从而保证环境监测工作更有效率。

第二，在环境监测制度制定的过程中，应该制定环境监测监督制度。环境监测监督制度的制定是为了对环境监测工作进行有效的监督管理，也能够在最大限度上提升环境监测工作，防止在环境监测工作展开过程中，存在环境监测不到位、环境监测数据失准、环境监测缺失等问题。

第三，在环境监测制度建立的过程中，应该制定合理的环境监测责任制度。环境监测责任制度的制定是为了保证环境监测工作能够更有效率，从而促进环境监测工作的开展。在实际的环境监测责任制度落实过程中，环境监测技术人员、统计人员、设备管理人员等都应该做好自身的工作，保证环境监测工作能够合理地展开，最大限度上提升环境监测的效果和质量。

第四，在环境监测制度建立过程中，应该制定合理的环境监测管理制度。环境监测管理，主要包括环境监测人员管理、环境监测技术管理、环境监测设备管理、环境监测资金管理等多项管理工作，通过对各项管理工作内容的合理规划，保证环境监测工作展开更有效率。

（四）建立健全环境监测预警系统

在实际开展环境保护工作的过程中，第一步是要确定环境出现问题的区域，有效分析环境监测数据信息，制订环境治理方案，及时解决环境污染问题。要保障这部分工作的高效进行，就需要建立健全环境监测预警体系。环境监测工作相对其他工程建设来说，需要更高的技术含量。

为了保障环境监测的准确性，必须科学合理地选择安装环境监测系统的场

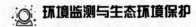

所，同时，要建立完善的环境监测预警系统，进而提升环境监测工作的效率，同时也保障环境监测具有很好的效果，进一步提高监测数据的准确性。

（五）加大环境监测工作的资金投入

改革开放以来，随着国家经济的快速发展和人们生活水平的快速提高，对环境的破坏和污染也越发严重。为了及时有效地解决环境污染问题，就要提高环境监测工作质量，加大对环境监测的资金投入。一方面，有大量的资金，就可以运用高新科技手段来完善环境监测设备，及时替换老旧的监测设备，提高监测水平和监测数据的真实性，促进环境监测工作的有效开展。同时，还可以利用资金来不断创新环境监测技术，做好监测设备的后期维护和管理工作，保障监测设备能够长期稳定运行，预防资源浪费。另一方面，国家要加大环境保护的宣传力度，引导社会各行各业积极参与环境保护工作，不断增强人们的环境保护意识，高效准确地进行环境监测工作。

第二章　水和废水监测

随着社会经济的不断发展，工业污水、生活废水和农田施肥量逐年增加，这导致水环境污染的问题越发严重。为了有效解决水资源短缺和严重污染的问题，有必要不断完善水环境监测技术和管理体系。为此，我国专门成立了水环境监测部门，采用具体的措施来有效改善水质量，从而有效地保护水资源。本章分为水资源与水污染，水质监测方案的制订，水样的采集、保存和预处理三部分，主要包括水资源、水污染、地面水监测方案的制订等方面的内容。

第一节　水资源与水污染

一、水资源

（一）水资源的特征

水一直处于不停地运动着的状态，积极参与自然环境中一系列物理的、化学的和生物的作用过程，在改造自然的同时不断地改造自身。由此表现出水作为自然资源所独有的性质特征。水资源是一种特殊的自然资源，是具有自然属性和社会属性的综合体。

1. 水资源的自然属性

（1）储量的有限性

全球淡水资源并非取之不尽、用之不竭的，它的储量十分有限。全球的淡水资源仅占全球总水量的 2.5%，这其中又有很大的部分储存在极地冰帽和冰川中而很难被利用，真正能够被人类直接利用的淡水资源非常少。

尽管水资源是可再生的，但在一定区域、一定时段内可利用的水资源总量总是有限的。以前人们错误地认为"世界上的水是无限的"而大肆开发利用水资源，事实说明，人类必须要有一个正确的认识，以保护有限的水资源。

（2）资源的循环性

水资源是不断流动循环的，并且在循环中形成一种动态资源。地表水、地下水、大气水之间通过水的这种循环，永无止境地进行着互相转化，没有开始也没有结束。

水循环系统是一个庞大的天然水资源系统，由于水资源这一不断循环、不断流动的特性，从而可以再生和恢复，为水资源的可持续利用奠定了物质基础。

（3）可更新性

自然界中的水处于不断流动、不断循环的过程之中，使得水资源得以不断地更新，这就是水资源的可更新性，也称可再生性。

水资源的可更新性是水资源可供永续开发利用的本质特性，其源于以下两个方面。

第一，水资源在水量上损失（如蒸发、流失、取用等）后，通过大气降水可以得到恢复。

第二，水体被污染后，可以通过水体自净（或其他途径）得以更新。

不同水体更新一次所需要的时间不同，如大气水平均每8天可更新一次，而极地冰川的更新速度则更为缓慢，更替周期可长达万年。

（4）时空分布的不均匀性

水资源在自然界中具有一定的时间和空间分布特性。受气候和地理条件的影响，全球水资源的分布表现为极不均匀性，最高的和最低的相差可达数十倍。

我国水资源在区域上分布不均匀这一特性也特别明显。由于受地形及季风气候的影响，总体上表现为东南多，西北少；沿海多，内陆少；山区多，平原少。在同一地区，不同时间分布差异性很大，一般夏多冬少。

（5）多态性

自然界的水资源呈现出液态、气态和固态等不同的形态。它们之间是可以相互转化的，形成水循环的过程，也使得水出现了多种存在形式，在自然界中无处不在，最终在地表形成了一个大体连续的圈层——水圈。

（6）环境资源属性

自然界中的水并不是化学上的纯水，而是含有很多溶解性物质和非溶解性物质的一个极其复杂的综合体，这一综合体实质上就是一个完整的生态系统，使得水不仅可以满足生物生存及人类经济社会发展的需要，同时也为很多生物提供了赖以生存的环境，是一种不可或缺的环境资源。

2. 水资源的社会属性

（1）利用的多样性

水资源是人类生产和生活不可或缺的，在工农业、生活，及发电、水运、水产、旅游和环境改造等方面都发挥着重要作用。用水目的不同，对水质的要求也表现出差异，使得水资源表现出一水多用的特征。

现如今，人们对水资源的依赖性逐渐增强，也越来越发现其用途的多样性。特别是在缺水地区，人们因为水而发生矛盾或冲突也不是稀奇的事情。对水资源一定要充分地开发利用，尽量减少浪费，既满足人类对水资源的各种需求，又不会对水资源造成严重的破坏和影响。

（2）公共性

水是自然界赋予人类的一种宝贵资源，它不是属于任何一个国家或个人的，而是属于全人类的。水资源养活了人类，推动着人类社会的进步、经济的发展。获得水的权利是人的一项基本权利，表现出水资源具有的公共性。

（3）利、害的两重性

水资源具有两重性，它既可造福于人类，又可危害人类生存。这也就是为什么人们常说，水是一把双刃剑，比金珍贵，又凶猛于虎。

关于水资源给人类带来的利益这里不再多说，人类的生存、社会的发展、经济的进步就是最好的证明。下面说说人类在开发利用水资源的过程中受到的危害，如垮坝事故、土壤次生盐碱化、洪水泛滥、干旱等。这些人们并不陌生，正是水资源利用开发不当造成的。它们可以制约国民经济发展，破坏人类的生存环境。

既然知道水的利、害两重性，在利用的过程中就要多加注意。要注意适量开采地下水，满足生产、生活需求。反之，如果无节制、不合理地抽取地下水，往往引起水位持续下降、水质恶化、水量减少、地面沉降，不仅会影响生产发展，还会严重威胁人类生存。

（4）商品性

长久以来，人们都错误地认为水是无穷无尽的，从而大肆地开采浪费。但是，人口的增多，经济社会的不断发展，使得人们对水资源的需求日益增加，水对人类生存、经济发展的制约作用逐渐显露出来。水成了一种商品，人们在使用时需要支付一定的费用。水资源在一定情况下表现出了消费的竞争性和排他性（如生产用水），具有私人商品的特性。但是当水资源作为水源地、生态用水时，具有公共商品的特点，所以它是一种混合商品。

（二）水资源的重要性与用途

1. 水资源的重要性

（1）生命之源

水是生命的摇篮，最原始的生命是在水中诞生的，水是生命存在不可或缺的物质。不同生物体内都拥有大量的水分，一般情况下，植物植株的含水率为60%～80%，哺乳类体内约有65%，鱼类75%，藻类95%。一般而言，成年人体内的水占体重的65%～70%。此外，生物体的新陈代谢、光合作用等都离不开水，如人类每人每日需要2～3L的水才能维持正常生存。

（2）文明的摇篮

没有水就没有生命，没有水更不会有人类的文明和进步，文明往往发源于大河流域，世界四大文明古国——中国、古印度、古埃及和古巴比伦，最初都是以大河为基础发展起来的，尼罗河孕育了古埃及的文明，底格里斯河与幼发拉底河流域促进了古巴比伦王国的兴盛，恒河带来了古印度的繁荣，长江与黄河是华夏民族的摇篮。古往今来，人口稠密、经济繁荣的地区总是位于河流湖泊沿岸，而沙漠缺水地带，人烟往往比较稀少，经济也比较萧条。

（3）社会发展的重要支撑

水资源是社会经济发展过程中不可或缺的一种重要的自然资源，与人类社会的进步与发展紧密相连，是人类社会和经济发展的基础与支撑。

在农业用水方面，水资源是一切农作物生长所依赖的基础物质，水对农作物的重要作用表现在它几乎参与了农作物生长的每一个过程，农作物的发芽、生长、发育和结实都需要有足够的水分，当提供的水分不能满足农作物生长的需求时，农作物极可能减产甚至死亡。

在工业用水方面，水是工业的血液，工业生产过程中的每一个生产环节（如加工、冷却、净化、洗涤等）几乎都需要水的参与，每个工厂都要利用水的各种作用来维持正常生产，没有足够的水量，工业生产就无法进行正常生产，水资源保证程度对工业发展规模起着非常重要的作用。

在生活用水方面，随着经济发展水平的不断提高，人们对生活质量的要求也不断提高，从而使得人们对水资源的需求量越来越大，若生活需水量不能得到满足，必然会成为制约社会进步与发展的一个瓶颈。

（4）生态环境的基本要素

生态环境是指影响人类生存与发展的水资源、土地资源、生物资源以及气候资源数量与质量的总称，是关系到社会和经济持续发展的复合生态系统。水资源是生态环境的基本要素，是良好的生态环境系统结构与功能的组成部分。水资源充沛，有利于营造良好的生态环境，水资源匮乏，则不利于营造良好的生态环境，如我国水资源比较缺乏的华北和西北干旱、半干旱地区，大多是生态系统比较脆弱的地带。水资源比较缺乏的地区，随着人口的增长和经济的发展，会使得本已比较缺乏的水资源进一步短缺，从而更容易产生一系列生态环境问题，如草原退化、沙漠面积扩大、水体面积缩小、生物种类和种群减少等。

2. 水资源的用途

水资源是人类社会进步和经济发展的基本物质保证，人类的生产活动和生活活动都离不开水资源的支撑，水资源在许多方面都具有使用价值，水资源的用途主要有农业用水、工业用水、生活用水、生态环境用水、发电用水、航运用水、旅游用水、养殖用水等。

（1）农业用水

农业用水包括农田灌溉和林、牧、渔、畜用水。农业是我国用水大户，农业用水量占总用水量的比例最大。在农业用水中，农田灌溉用水是农业用水的主要用水和耗水对象，采取有效节水措施，提高农田水资源利用效率，是缓解水资源供求矛盾的一个主要措施。

（2）工业用水

工业用水是指工、矿企业的各部门，在工业生产过程（或期间）中，制造、加工、冷却、空调、洗涤、锅炉等处使用的水及厂内职工生活用水的总称。工业用水是水资源利用的一个重要组成部分，由于工业用水组成十分复杂，工业用水的多少受工业类别、生产方式、用水工艺和水平以及工业化水平等因素的影响。

（3）生活用水

生活用水包括城市生活用水和农村生活用水两个方面。城市生活用水包括城市居民住宅用水、市政用水、公共建筑用水、消防用水、供热用水、环境景观用水和娱乐用水等。农村生活用水包括农村日常生活用水和家养禽畜用水等。

（4）生态环境用水

生态环境用水是指为达到某种生态水平，并维持这种生态平衡所需要的用水量。生态环境用水有一个阈值范围，用于生态环境用水的水量超过这个阈值范围，就会导致生态环境的破坏。许多水资源短缺的地区，在开发利用水资源时，往往不考虑生态环境用水，产生了许多生态环境问题。因此，在进行水资源规划时充分考虑生态环境用水，是这些地区修复生态环境问题的前提。

（5）发电用水

地球表面各种水体（河川、湖泊、海洋）中蕴藏的能量，称为水能资源或水力资源。发电用水是用于生产电能的水资源。

（6）其他用途

水资源除了在上述的农业、工业、生活、生态环境和发电方面具有重要使用价值外，还可用于发展航运事业、渔业养殖和旅游事业等。农业用水、工业水和生活用水的比例称为用水结构，用水结构能够反映出一个国家的工农业发展水平和城市建设发展水平。

美国、日本和中国的农业用水量、工业用水量和生活用水量有显著差别。在美国，工业用水量最大，其次为农业用水量，再次为生活用水量；在日本，农业用水量最大，除个别年份外，工业用水量和生活用水量相差不大；在中国，农业用水量最大，其次为工业用水量，最后为生活用水量。

水资源的使用用途不同时，对水资源本身产生的影响就不同，对水资源的要求也不尽相同，如水资源用于农业、生活和工业等领域时，这些用水领域会把水资源当作物质加以消耗。此外，这些用水领域对水资源的水质要求也不相同，当水资源用于发电、航运和旅游等领域时，被利用的水资源一般不会发生明显的变化。水资源具有多种用途，开发利用水资源时，要考虑水资源的综合利用。不同用水领域对水资源的要求不同，这为水资源的综合利用提供了可能，但同时也要妥善解决不同用水领域对水资源要求不同而产生的矛盾。

（三）水资源管理新思想

1. 可持续发展的新思想

在水资源管理过程中，为了确保水资源的可循环利用，最根本的就是要保证水资源的可持续发展，合理应用水资源，保证其应用在关键位置，促进经济的发展以及维护自然生态等。地球的水资源是有限的，而地区间的水资源分配不均匀，则需要通过政府进行调节，实现水资源的均衡分配，尽量避免地区差异化现象。在生产生活中，要充分利用水资源，加大水资源的宣传力度，采取科学合理的管理措施，实现水资源的循环利用和协调发展。

值得关注的是，随着水资源的全面化、广泛化和可持续发展，水资源不能单单应用在某个地区，要综合考虑整个区域的生态影响，做好相应的生态结构调查，避免因治理水资源给周边环境带来过度的破坏，只有通过科学有效的管理才能保证水资源利用的高效性。

2. 新思想在现代水资源管理中的应用

（1）建立可持续发展观

对于水资源的管理来说，要想实现水资源的可持续利用，就要实现对水资源的高效利用和配置，从而实现社会经济、自然资源和人类社会的协调发展，实现资源的良性发展。实现水资源的可持续利用必须坚持科学发展观，从点出发，落到面上，把控整个区域的水资源利用，从一个点对水资源利用进行讨论，观察整个区域结构性变化，从而预测出这种变化带来的影响，从而实现水资源的可持续利用。

（2）完善水资源管理制度

如何建立完善的水资源管理制度，对于每个地区都是较为严峻的问题。有关部门需要对地区的用水总量进行严控，对管理要求进行定额，基于流域为单位的前提下，对水量进行合理的分配，从而实现水资源的合理配置。对用水、取水的程序进行规范，严格限定每一家的取水量，制定明确的取水计划，做好相应的登记、管理以及转让工作，提高水资源调配效率。

建立高效的水资源管理体系，有利于解决不同部门之间存在的问题，实现由国家直接对水资源进行统一管理，统一对不同流域、区域的水资源调配，充分发挥水资源的综合效益，建立水资源有偿使用制度。水资源有偿使用制度，能够有效提高水资源的利用率，科学规定水资源市场价格，改变过去低价收费甚至无偿使用的管理方案，根据水资源分配额度、需求量动态化管理水资源，通过阶梯水价的方式提高人们节约用水的意识。对于严重缺水的地区，需要相关部门加大审批力度，对于水资源过度开发的项目需要严控，并加大对高污染、高消耗的企业的惩罚力度，鼓励企业转型或者升级，提高城镇、农村等地的群众用水安全。

（3）实现人与水资源的协调发展

水资源是维持人类生存的重要资源，为了保证人类社会的可持续发展，实现人与自然的和谐共处，最大限度地开发和利用水资源，必须要提高水资源的利用效率。人与水资源的相处必须遵循三大准则，即健康、发展、协调。健康是为了保障人类自身的健康，因此应减少对水资源的污染；而发展是为了保障后代的水资源使用，因此要合理分配水资源，最大限度地开发和利用水资源；至于协调就是要人类充分发挥水资源的价值，从而实现水资源的可持续利用，实现人类与自然的和谐共处。

（4）严控纳污总量

对水资源的利用和分配，要建立在当地水资源的实际情况的基础上。要充分掌握当地的纳污量，严格审查当地水域的排污口，禁止未经允许在水域附近设置排污口，纳污指标的分配不能建立在排污口的数量上。要建立完善的水质监测体系，全面监测各水域的排污口，加大监测力度，及时发现水资源污染问题以及排放超标的情况，为水资源的治理工作提供参考意见。要取缔饮用水源附近的排污管道，控制地下水的开采情况，避免出现过度开采或者地下水污染的问题，加大对水资源的质量控制体系的管理力度，保障城市居民和农村居民的用水安全。

（5）推广水利利民工程

相关资料表明，部分农村地区存在饮水安全问题，全国有上万座水库存在一定程度上的安全隐患。仍有部分农村人口生活在蓄滞洪区，这段水域存在一定的安全问题，必须在这段水域建立切实可行的水利方案：及时修理位于小河道的水利工程，提高水库水闸的抗洪抗涝能力；加强水利工程的抗旱蓄水能力，避免饮水源头被污染，加强对人们用水安全的保护；重视农业用水管理，落实好灌溉用水、坡地治理等工程，避免出现农药化肥对饮用水资源的污染；做好水库居民的安置处理，及时补偿水库移民，做好蓄滞洪区居民后续的安置和扶持工作。

二、水污染

（一）水污染的来源

1. 工业废水

工业废水是水污染源之一。工业废水的类型是多种多样的。部分含有高浓度重金属离子的工业废水未经净化处理直接排放到自然流域中，会导致水质变差，而大量遭受污染的水产品流入市场，经食物链进入人体，会致使人体重金属中毒，危害人体健康。另外，工业废水中还含有大量的氮元素、磷元素和氧化剂，极易导致水体富营养化，藻类泛滥，污染水源。

2. 农业污水

我国是农业大国。在现代农业生产中，部分农民为缩短农作物生长周期，增加农作物产量，会在农作物生长过程中施加肥料，或为预防农作物病虫害，喷洒农药。如果这些带有化学农药残留的瓜果蔬菜流入市场，必定会对人体健康构成威胁，并且过量使用化肥农药，还会造成严重的土壤污染、空气污染和水源污染。

3. 生活污水

相较而言，生活污水中的有害物质种类较少，浓度较低。日常清洁所用的洗衣液、洗涤剂、洁厕灵等含有一定量的化学物质。如果水体中的氮元素、磷元素含量超过一定标准，会导致水体富营养化，藻类泛滥，水体含氧量降低，阻碍水生生物的繁衍生存，改变水质。

（二）水污染的危害

我国有关专家多项研究结果显示，我国水污染造成的经济损失占 GDP 的1.46% ～ 2.84%。水污染危害主要体现在以下方面。

1. 影响工农业生产

有些工业部门，如电子工业对水质要求高，水中有杂质，会使产品质量受到影响。尤其是食品工业用水要求更为严格，水质不合格，会使生产停顿。某些化学反应也会因水中的杂质而发生，使产品质量受到影响。废水中的某些有害物质还会腐蚀工厂的设备和设施，甚至使生产不能进行下去。

污水会使农作物减产，品质降低，甚至使人畜受害，大片农田遭受污染，降低土壤质量，如锌的质量浓度达到 0.1 ～ 1.0 mg/L 即会对作物产生危害，5 mg/L 可使作物致毒。

2. 危害水体生态系统

污水含有大量氮、磷、钾，一经排放，大量有机物在水中降解释放出营养元素，会使水体富营养化，藻类过量繁殖。在阳光和水温最适宜的季节，藻类的数量每升可达 100 万个，水面出现一片片"水花"，称为"赤潮"。其在光合作用下使水面溶解氧达到过饱和，而在底层则因光合作用受阻，藻类和底生植物大量死亡，它们在厌氧条件下腐败、分解，又将营养元素重新释放进水中，再供给藻类，周而复始，因此水体一旦出现富营养化就很难消除。水生生态系统结构、功能失调，会使水体使用功能受到很大影响，甚至会使湖泊、水库退化、沼泽化。

富营养化水体对鱼类生长极为不利，过饱和的溶解氧会导致阻碍血液流通的生理疾病，使鱼类死亡；缺氧也会使鱼类死亡。而藻类太多会堵塞鱼鳃，影响鱼类呼吸，也能致死。含氮化合物的氧化分解会产生硝酸盐，硝酸盐本身无毒，但硝酸盐在人们体内可被还原为亚硝酸盐。亚硝酸盐可以与仲胺作用形成亚硝胺，这是一种强致癌物质。因此，有些国家的饮用水标准对亚硝酸盐含量提出了严格要求。

3. 降低饮用水的安全性

饮用水水质不良，必然会导致体质不佳、抵抗力减弱，最终引发疾病。伤寒、霍乱、胃肠炎、痢疾等人类疾病，均是由水的不洁引起的。

当水中含有有害物质时，对人体的危害就更大。饮用水的安全性与人体健康直接相关。饮用水的安全供给是以水质良好的水源为前提的。但是，我国近90%的城镇饮用水源已受到城市污水、工业废水和农业排水的威胁。水源受到的污染使原有的水处理工艺受到前所未有的挑战，有的已不可能生产出安全的饮用水，甚至不能满足冷却水及工艺用水的水质要求。

饮用水被污染后，通过饮水或食物链、污染物进入人体，使人急性或慢性中毒。水环境污染对人体健康的危害最为严重，特别是水中的重金属、有害有毒有机污染物及致病菌和病毒等。

4. 加剧水资源短缺危机

对于一些本来就贫水的国家而言，水污染导致的问题更加严重。水污染使水体功能降低，更加加重了贫水地区缺水的程度，还使一些水资源丰富的地区和城市面临着因大面积水质不合格而严重影响使用的情况，形成了所谓的污染型缺水。可持续发展无从谈起。

5. 影响农产品和渔业产品质量安全

大量未经充分处理的污水被用于灌溉，已经使农田受到重金属和合成有机物的污染。长期的污水灌溉使病原体、"三致性（致癌性、致突变性、致畸性）"物质通过粮食、蔬菜和水果等迁移到人体内，造成污水灌溉区人群寄生虫、肠道疾病发病率，肿瘤死亡率等大幅度提高。

有机污染物分为耗氧有机物和难降解有机物。耗氧有机物在水体中发生生物化学分解作用，消耗水中的氧，从而破坏水生态系统，对鱼类影响较大。在正常情况下，20℃水中溶解氧量（DO）为 9.77 mg/L，当 DO 值大于 7.5 mg/L 时，水质清洁；当 DO 值小于 2 mg/L 时，水质发臭。渔业水域要求在 24 小时中有 16 小时以上 DO 值不低于 5 mg/L，其余时间不得低于 3 mg/L。

（三）导致水资源污染的原因

我国疆域辽阔，地形地貌多样，自然资源储量丰富，人口数量较大，且各地区的气候环境与经济发展存在较大差异。导致水资源污染的原因，主要包括以下几方面。

1. 产业结构缺乏合理性

目前，重工业逐步成为国民经济体系的支柱产业。重工型企业在生产过程中消耗的能源较多，排放的污染物总量也相对较多，不仅会产生能源供应匮乏的问题，还会造成严重的环境污染。其中，水资源首当其冲。

2. 盲目注重短期经济效益

工业化的集中发展及现代化城市建设进程的加快，占用了大量的水土资源，甚至为追求快速发展，部分工厂直接排放污染物。由于法律法规不健全，公众的环境保护意识不高，水资源污染极为严重。

3. 生产与治理技术水平偏低

我国的生产技术水平和环境治理水平仍需要提高。单从农业生产方面来说，化学农药的过量使用，不仅会造成严重的水资源污染、土壤污染和大气污染，还会对人们的身体健康构成威胁。

4. 资源开发与环境保护认知不到位

随着我国国民生产总值的快速增长，部分地区盲目注重短期经济效益，忽略了环境保护工作，由于监管不力，污染型企业直接将固体废物以及未经净化处理的污水排放到自然流域中，造成了严重的水资源污染。

第二节 水质监测方案的制订

一、地面水监测方案的制订

（一）基础资料的收集

在制订监测方案之前，应尽可能完备地收集与监测水体及所在区域有关的资料。要收集的基础资料如下：

①水体沿岸城市分布、工业布局、污染源及其排污、城市给排水情况等。

②水体沿岸的资源现状和水资源的用途、饮用水源分布和重点水源保护区、水体流域土地功能及近期使用计划等。

③历年的水质资料等。

④实地勘查现场的交通情况、河宽、河床结构、岸边标志等。对于湖泊，还需了解生物特点、沉积物特点、间温层分布、容积、平均深度、等深线和水更新时间等。

⑤收集原有的水质分析资料或在需要设置断面的河段上设若干调查断面进行采样分析。

（二）监测断面和采集点的设置

在对调查研究结果和有关资料进行综合分析的基础上，根据监测目的和监测项目，并考虑人力、物力等因素确定监测断面和采样点。同时还要考虑实际采样时的可行性和方便性。

1.监测断面的设置

监测断面的设置，主要考虑水质变化较为明显、特定功能水域或有较大的参考意义的水体，具体来讲可概述为六个方面。

①有大量废水排入河流的主要居民区、工业区的上游和下游。

②湖泊、水库、河口的主要入口和出口。

③较大支流汇合口上游和汇合后与干流充分混合处，入海河流的河口处；受潮汐影响的河段和严重水土流失区。

④国际河流出入国境线的出入口处。

⑤饮用水源区、水资源集中的水域、主要风景游览区、水上娱乐区及重大水力设施所在地等功能区。

⑥应尽可能与水文测量断面重合，并要求交通方便，有明显的岸边标志。

监测断面的设置数量，应根据掌握水环境质量状况的实际需要，在对污染物时空分布和变化规律的了解、优化的基础上，以最少的断面、垂线和测点取得代表性最好的监测数据。

2.河流监测断面的设置

对于江、河水系或某一河段，要求设置对照断面、控制断面、削减断面和背景断面。

（1）对照断面

对照断面为了解流入监测河段前的水体水质状况而设置。这种断面应设在河流进入城市或工业区以前的地方，避开各种污废水流入或回流处。一个河段一般只设一个对照断面，有主要支流时可酌情增加。

（2）控制断面

控制断面为评价、监测河段两岸污染源对水体水质的影响而设置。控制断面的数目应根据城市的工业布局和排污口分布情况而定，断面的位置与废水排放口的距离应根据主要污染物的迁移、转化规律，河水流量和河道水力学特征确定，一般设在排污口下游 500 ～ 1000 m 处。因为在排污口下游 500 m 横断面上的 1/2 宽度处重金属浓度一般会出现高峰值。对有特殊要求的地区，如水产资源区、风景游览区、自然保护区、与水源有关的地方病发病区、严重水土流失区及地球化学异常区等的河段上也应设置控制断面。

（3）削减断面

削减断面是指河流受纳废水和污水后，经稀释扩散和自净作用，使污染物浓度显著下降的断面。其左、中、右三点浓度差异较小的断面，通常设在城市或工业区最后一个排污口下游 1500 m 以外的河段上。水量小的小河流应视具体情况而定。

（4）背景断面

有时为了取得水系和河流的背景监测值，还应设置背景断面。这种断面上的水质要求基上未受人类活动的影响，应设在清洁河段上。

3. 河流采样点位的确定

设置监测断面后，应根据水面的宽度确定断面上的采样垂线，再根据采样垂线的深度确定采样点位置和数目。

4. 湖泊、水库监测垂线的布设

湖泊、水库通常只设监测垂线，如有特殊情况可参照河流的有关规定设置监测断面，具体如下。

①污染物影响较大的重要湖泊、水库，应在污染物的主要输送路线上设置控制断面。

②湖（库）区的不同水域，如进水区、出水区、深水区、浅水区、湖心区、岸边区，按水体类别设置监测垂线。

③湖（库）区若无明显功能区别，可用网格法均匀设置监测垂线。垂线上采样点位置和数目的确定方法与河流相同。如果存在间温层，应先测定不同水深处的水温、溶解氧等参数，确定成层情况后再确定垂线上采样点的位置。

监测断面和采样点的位置确定后，其所在位置应该固定明显的岸边天然标志。如果没有天然标志物，则应设置人工标志物，如竖石柱、打木桩等。每次采样要严格以标志物为准，使采集的样品取自同一位置上，以保证样品的代表性和可比性。

5.采样时间和采样频率的确定

为使采集的水样具有代表性，能够反映水质在时间和空间上的变化规律，必须确定合理的采样时间和采样频率，力求以最低的采样频次，取得最有时间代表性的样品，既要满足能反映水质状况的要求，又要切实可行，一般原则如下。

①饮用水源地、省（自治区、直辖市）交界断面中需要重点控制的监测断面每月至少采样1次。

②国控水系、河流、湖、库上的监测断面，逢单月采样1次，全年采样6次。

③水系的背景断面每年采样1次。

④受潮汐影响的监测断面采样，分别在大潮期和小潮期进行。每次采集的涨、退潮水样应分别测定。涨潮水样应在断面处水面涨平时采样，退潮水样应在水面退平时采样。

⑤如某必需项目连续三年均未检出，且在断面附近确定无新增排放源，而现有污染源排污量未增的情况下，每年可采样1次进行测定。一旦检出，或在断面附近有新的排放源或现有污染源有新增排污量时，即恢复正常采样。

⑥国控监测断面（或垂线）每月采样1次，在每月的第5～10天进行采样。

⑦遇有特殊自然情况或发生污染事故时，要随时增加采样频次。

二、地下水质监测方案的制订

储存在土壤和岩石空隙（孔隙、裂隙、溶隙）中的水统称地下水。地下水埋藏在地层的不同深度，相对地表水而言，其流动性和水质参数的变化比较缓慢。地下水质监测方案的制订过程与地表水基本相同。

（一）地下水的特征

地下水的形成主要取决于地质条件和自然地理条件。此外，人类活动对地下水也有一定影响。地质因素对地下水形成的影响，主要表现在岩石性质和结构方面。岩石和土壤空隙是地下水储存与运动的先决条件。自然地理条件中气候、水文和地貌的影响最为显著。地下水的物理、化学性质随空间和时间而变化，地下水的化学成分和理化特性在循环运动过程中受气候、岩性和生物作用的影响，受补给条件和水运动强弱的约束。地下水化学成分的形成过程，实际上是一个不断变化的过程。

地下水按埋藏条件不同可分为潜水、承压水和自流水三类，也有分为上层滞水、潜水和自流水三类的；按含水层性质的差别，又分为孔隙水、裂隙水、岩溶水三类。要想采集有代表性的水样，应运用地理、地质、气象、水文、生态、环境等综合性的知识，并应首先考虑地下水的类型和以下因素。

①地下水流动较慢，所以水质参数的变化慢，一旦污染很难恢复，甚至无法恢复。

②地下水埋藏深度不同，温度变化规律也不同。近地表的地下水的温度受气温的影响，具有周期性变化，较深的常温层中地下水温度比较稳定，水温变化不超过 0.1℃；但水样一经取出，其温度即可能有较大的变化。这种变化能改变化学反应速度，从而改变原来的化学平衡，也能改变微生物的生长速度。

③地下水所受压力较大，面对的环境条件与地面水不同，一旦取出，可溶性气体的溶入和逃逸，会带来一系列的化学变化，改变水质状况。例如：地下水富含硫化氢，但溶解氧含量较低，将其取出后会导致硫化氢逃逸，大气中氧气溶入，从而发生一系列的氧化还原变化；水样吸收或放出二氧化碳会引起 pH 值变化。

④由于采水器的吸附或玷污及某些组分的损失，水样的真实性将受到影响。

（二）调查研究和收集资料

地下水的特性决定了地下水布点的复杂性，因此布点前的调查研究和资料收集尤其重要，具体如下：

①收集、汇总监测区域的水文、地质、气象等方面的有关资料和以往的监测资料。例如，地质图、剖面图、测绘图、水井的成套参数、含水层、地下水补给、径流和流向，以及温度、湿度、降水量等。

②调查监测区域内城市发展、工业分布、资源开发和土地利用情况，尤其是地下工程规模、应用等；了解化肥和农药的施用面积和施用量；查清污水灌溉、排污、玷污和地面水污染现状。

③测量或查知水位、水深，以确定采水器和泵的类型、所需费用和采样程序。

④在完成以上调查的基础上，确定主要污染源和污染物，并根据地区特点与地下水的主要类型把地下水分成若干个水文地质单元。

（三）采样点的设置

由于地质结构复杂，使地下水采样点的设置变得复杂。监测并采集的水样只代表含水层平行和垂直的一小部分，所以，必须合理地选择采样点。目前，地下水监测以浅层地下水（又称潜水）为主，应尽可能利用各水文地质单元中

原有的水井（包括机井）。还可对深层地下水（也称承压水）的各层水质进行监测。

1.地下水采样井布设的原则

①全面掌握地下水资源质量状况，对地下水污染进行监视、控制。

②根据地下水类型分区与开采强度分区，以主要开采层为主布设，兼顾深层水和自流地下水。

③尽量与现有地下水水位观测井网相结合。

④采样井布设密度：主要供水区密，一般地区稀；城区密，农村稀；污染严重区密，非污染区域稀。

⑤不同水质特征的地下水区域应布设采样井。

⑥专用站按监测目的与要求布设。

2.地下水采样井布设方法与要求

（1）在下列地区应布设采样井

①以地下水为主要供水水源的地区。

②饮水型地方病（如高氟病）高发地区。

③污水灌溉区、垃圾堆积处理场地区及地下水补给区。

④污染严重区域。

（2）平原（含盆地）地区地下水采样井布设密度

该地区水样井布设密度一般为1眼/200千米^2，重要水源地或污染严重地区可适当增加布设密度；沙漠区、山丘区、岩溶山区等可根据需要，选择典型代表区布设采样井。

（3）一般水资源质量监测及污染控制井

根据区域水文地质单元状况，视地下水主要补给来源情况，可在垂直于地下水水流的上方向，设置一个至数个背景值监测井。或根据本地区地下水流向、污染源分布状况及活动类型与分布特征，采用网格法或放射法布设。

三、水污染源监测方案的制订

水污染源包括工业废水源、生活污水源、医院污水源等。工业生产过程中排出的水称为废水。废水包括工艺过程用水、机器设备冷却水、烟气洗涤水、漂白水、设备和场地清洗水等。由居民区生活过程中排出物形成的含公共污物的水称为污水。污水中主要含有洗涤剂、粪便、细菌、病毒等，进入水体后，会大量消耗水中的溶解氧，使水体缺氧，自净能力降低，其分解产物具有营养价值，引起水体富营养化，细菌病毒还可能引发疾病。

废水和污水采样是污染源调查和监测的主要工作之一，而污染源调查和监测是监测工作的一个重要方面，是环境管理和治理的基础。

（一）采样前的调查研究

要保证采样地点、采样方法可靠并使水样有代表性，必须在采样前进行调查研究工作，主要包括以下几个方面的内容。

1. 调查工业用水情况

工业用水一般分为生产用水和管理用水。生产用水主要包括工艺用水、冷却用水、漂白用水等。管理用水主要包括地面与车间冲洗用水、洗浴用水、生活用水等。需要调查清楚工业用水量、循环用水量、废水排放量、设备蒸发量和渗漏损失量。可用水平衡计算和现场测量法估算各种用水量。

2. 调查工业废水类型

工业废水可分为物理污染废水、化学污染废水、生物及生物化学污染废水三种主要类型以及混合污染废水。通过生产工艺的调查，可计算出排放水量并确定需要监测的项目。

3. 调查工业废水的排污去向

调查内容如下。

①车间、工厂或地区的排污口数量和位置。

②直接排入还是通过渠道排入江、河、湖、库、海中，是否有排放渗坑。

（二）采样点的设置

水污染源一般经管道或沟、渠排放，水的截面面积比较小，不需设置断面，可直接确定采样点位。

1. 工业废水

①在车间或车间设备出口处应布点采样测定第一类污染物。第一类污染物即毒性大、对人体健康产生长远不良影响的污染物。这些污染物主要包括汞、镉、砷、铅和它们的无机化合物、六价铬的无机化合物、有机氯和强致癌物质等。

②在工厂总排污口处应布点采样测定第二类污染物。第二类污染物即除第一类污染物之外的所有污染物，这些污染物包括悬浮物、硫化物、挥发酚、氰化物、有机磷、石油类、铜、锌、氟及它们的无机化合物、硝基苯类、苯胺类等。

③有处理设施的工厂应在处理设施的排出口处布点。为了监测对废水的处

理效果，可在进水口和出水口同时布点采样。

④在排污渠道上，采样点应设在渠道较直、水量稳定、上游没有污水汇入处。

⑤某些第二类污染物的监测方法尚不成熟，在总排污口处布点采样监测因干扰物质多而会影响监测结果。这时，应将采样点移至车间排污口，按废水排放量的比例折算成总排污口废水中的浓度。

2. 生活污水、医院污水

生活污水和医院污水的采样点设在污水总排放口。

（三）采样时间和频率的确定

1. 监督性监测

地方环境监测站对污染源的监督性监测每年不少于 1 次，被国家或地方环境保护行政主管部门列为年度监测的重点排污单位，应增加到 2 ~ 4 次。因管理或执法的需要所进行的抽查性监测或企业的加密监测由各级环境保护行政主管部门确定。

生活污水每年采样监测 2 次，春、夏季各 1 次；医院污水每年采样监测 4 次，每季度 1 次。

2. 企业自我监测

工业废水按生产周期和生产特点确定监测频率。一般每个生产日至少 3 次。排污单位为了确认自行监测的采样频次，应在正常生产条件下的一个生产周期内进行加密监测。周期在 8 小时以内的，每小时采 1 次样；周期大于 8 小时的，每 2 小时采 1 次样，但每个生产周期采样次数不少于 3 次，采样的同时测定流量，根据加密监测结果，绘制污水污染物排放曲线（浓度－时间、流量－时间、总量－时间曲线），并与所掌握资料对照，如基本一致，即可据此确定企业自行监测的采样频次。根据管理需要进行污染源调查性监测时，也按此频次采样。

排污单位如有污水处理设施并能正常运转使污水能稳定排放，则污染物排放曲线比较平稳，监督监测可以采瞬时样；对于排放曲线有明显变化的不稳定排放污水，要根据曲线情况分时间单元采样，再组成混合样品。正常情况下，混合样品的单元采样不得少于两次。如排放污水的流量、浓度甚至组分都有明显变化，则在各单元采样时的采样量应与当时的污水流量成比例，以使混合样品更有代表性。

对于污染治理、环境科研、污染源调查和评价等工作中的污水监测，其采样频次可以根据工作方案的要求另行确定。

第三节 水样的采集、保存和预处理

一、水样的采集

采样前，要根据监测项目、监测内容和采样方法的具体要求，选择适宜的盛水容器和采样器，并清洗干净。采样器具的材质化学性质要稳定、大小形状适宜、不吸附待测组分、容易清洗、瓶口易密封。同时要确定总采样量（分析用量和备份用量），并准备好交通工具。

（一）采样设备

采集表层水样，可用桶、瓶等容器直接采集。目前我国已经生产出不同类型的水质监测采样器，如单层采水器、直立式采水器、深层采水器、连续自动定时采水器等，广泛用于废水和污水采样。

常用的简易采水器，是一个装在金属框内用绳吊起的玻璃瓶或塑料瓶，框底装有重锤，瓶口有塞，用绳系牢，绳上标有高度。采样时，将采样瓶降至预定深度，将细绳上提打开瓶塞，水样即流入并充满采样瓶，然后用塞子塞住。

急流采水器适于采集地段流量大、水层深的水样。它是将一根长钢管固定在铁框上，钢管是空心的，管内装橡皮管，管上部的橡皮管用铁夹夹紧，下部的橡皮管与瓶塞上的短玻璃管相接，橡皮塞上另有一长玻璃管直通至样瓶底部。采集水样前，需将采样瓶的橡皮塞子塞紧，然后沿垂直方向伸入特定水深处，打开铁夹，水样即沿长玻璃管流入样瓶中。此种采水器是隔绝空气采样，可供溶解氧测定。

沉积物采样分表层沉积物采样和柱状沉积物采样。对于表层沉积物，用各种掘式和抓式采样器，用手动绞车或电动绞车进行采样；对于柱状沉积物，用各种管状的采样器，利用自身重力或通过人工锤击，将管子压入沉积物中直至所需深度，然后将管子提取上来，用通条将管中的柱状沉积物样品压出。

（二）盛样容器

采集和盛装水样或底质样品的容器要求材质化学稳定性好，保证水样各组分在储存期内不与容器发生反应，能够抵御环境温度从高温到严寒的变化，抗震，大小、形状和重量适宜，能严密封口并容易打开，容易清洗并可反复使用。

常用材料有高压聚乙烯塑料（以 P 表示）、一般玻璃和硬质玻璃或硼硅玻璃。为减少器壁溶出物对水样的污染和器壁吸附现象，须注意容器的洗涤方法。应先用水和洗涤剂洗净，再用自来水冲洗后备用。常用洗涤法是用重铬酸钾－硫酸洗液浸泡，然后用自来水冲洗和蒸馏水荡洗；用于盛装重金属监测样品的容器，需用 10% 硝酸或盐酸浸泡数个小时，再用自来水冲洗，最后用蒸馏水洗净。容器的洗涤还与监测对象有关，洗涤容器时要考虑到监测对象。例如：测硫酸盐和铬时，容器不能用重铬酸钾－硫酸洗液；测磷酸盐时不能用含磷洗涤剂。

（三）采样方法

①在河流、湖泊、水库及海洋采样应有专用监测船或采样船，如无条件也可用手划或机动的小船。如果位置合适，可在桥或坎上采样。较浅的河流和近岸水浅的采样点可以涉水采样。采样容器口应迎着水流方向，采样后立即加盖塞紧，避免接触空气，并避光保存。深层水的采集，可用抽吸泵采样，利用船等行驶至特定采样点，将采水管沉降至规定的深度，用泵抽取水样即可。采集底层水样时，切勿搅动沉积层。

②采集自来水或从机井采样时，应先放水数分钟，使积留在水管中的杂质及陈旧水排除后再取样。采样器和塞子须用采集水样洗涤 3 次。对于自喷泉水，在涌水口处直接采样。

③从浅埋排水管、沟道中采集废（污）水，用采样容器直接采集。对埋层较深的排水管、沟道，可用深层采水器或固定在负重架内的采样容器，沉入监测井内采样。

④采用自动采水器可自动采集瞬时水样和混合水样。当废（污）水排放量和水质较稳定时，可采集瞬时水样；当排放量较稳定，水质不稳定时，可采集时间等比例水样；当二者都不稳定时，必须采集流量等比例水样。

（四）水样采集量和现场记录

水样采集量根据监测项目确定，不同的监测项目对水样的用量和保存条件有不同的要求，所以采样量必须按照各个监测项目的实际情况分别计算，再适当增加 20% ～ 30%。底质采样量通常为 1 ～ 2 kg。

采样完成并加好保存剂后，要贴上样品标签或在水样说明书上做好详细记录，记录内容包括采样现场描述与现场测定项目两部分。采样现场描述的内容包括：样品名称、编号、采样断面、采样点、添加保存剂种类和数量、监测项目、采样者、登记者、采样日期和时间、气象参数（气温、气压、风向、风速、相对湿度）、流速、流量等。水样采集后，对有条件进行现场监测的项目进行现场监测和描述，如水温、色度、臭味、pH、电导率、溶解氧、透明度、氧化还原电位等，以防变化。

二、水样的运输和保存

由于从采集地到分析实验室有一定距离，各种水质的水样在运送的时间里都会由于物理、化学和生物的作用而发生各种变化。为了使这些变化降低到最低程度，需要采取必要的保护性措施（如添加保护性试剂或制冷剂等），并尽可能地缩短运输时间（如采用专门的汽车、卡车甚至直升机运送）。

（一）水样的运输

在水样的运送过程中，需要特别注意以下四点：

①盛水器应当妥善包装，以免它们的外部受到污染，运送过程中不应破损或丢失。特别是水样瓶的颈部和瓶塞在运送过程中不应破损或丢失。

②为避免水样容器在运输过程中因振动、碰撞而破损，最好将样品瓶装箱，并采用泡沫塑料减振。

③需要冷藏、冷冻的样品，需配备专用的冷藏、冷冻箱或车运送；条件不具备时采用隔热容器，并加入足量的制冷剂达到冷藏、冷冻的要求。

④冬季水样可能结冰。如果盛水器用的是玻璃瓶，则采取保温措施以免破裂，水样的运输时间一般以 24 小时为最大允许时间。

（二）水样的保存

水样采集后，应尽快进行分析测定。能在现场做的监测项目要求在现场测定，如水中的溶解氧、温度、电导率、pH 值等。但由于各种条件所限（如仪器、场地等），往往只有少数测定项目可在现场测定，大多数项目仍需送往实验室内进行测定。有时因人力、时间不足，还需在实验室内存放一段时间后才能分析。因此，从采样到分析的这段时间里，水样的保存技术就显得至关重要。

有些监测项目在采样现场采取一些简单的保护性措施后，能够保存一段时间。水样允许保存的时间与水样的性质、分析指标、溶液的酸度、保存的容器和存放温度等多种因素有关。不同的水样允许的存放时间也有所不同。一般认为，水样的最大存放时间：清洁水样为 72 小时，轻污染水样为 48 小时，重污染水样为 12 小时。

采取适当的保护措施，虽然能够降低待测成分的变化程度或减缓变化的速度，但并不能完全抑制这种变化。水样保存的基本要求只能是尽量减少其中各种待测组分的变化，所以要求做到以下几点：减缓水样的生物化学作用；减缓化合物或络合物的氧化 – 还原作用；减少被测组分的挥发损失；避免沉淀、吸附或结晶物析出所引起的组分变化。

水样主要的保护性措施如下：

第一，选择合适的保存容器。不同材质的容器对水样的影响不同，一般可能存在吸附待测组分或自身杂质溶出污染水样的情况，因此应该选择性质稳定、杂质含量低的容器。一般常规监测中，常使用聚乙烯和硼硅玻璃材质的容器。

第二，冷藏或冷冻。水样保存能抑制微生物的活动，减缓物理作用和化学反应速度。例如，将水样保存在 $-22 \sim -18℃$ 的冷冻条件下，会显著提高水样中磷、氮、硅化合物及生化需氧量等监测项目的稳定性。而且，这类保存方法对后续分析测定无影响。

第三，加入保存药剂。在水样中加入合适的保存药剂，能够抑制微生物活动，减缓氧化还原反应的发生。加入的方法可以是在采样后立即加入，也可以在水样分样时，根据需要分瓶分别加入。

不同的水样、同一水样的不同的监测项目要求使用的保存药剂不同，保存药剂主要有生物抑制剂、pH 调节剂、氧化或还原剂等类型，具体的作用如下：

①生物抑制剂。在水样中加入适量的生物抑制剂可以阻止生物作用。常用的试剂有氯化汞（$HgCl_2$），每升水样加 $20 \sim 60$ mL；对于需要测汞的水样，可加入苯或三氯甲烷，每升水样加 $0.1 \sim 1.0$ mL；对于测定苯酚的水样，用磷酸（H_3PO_4）将水样的 pH 值调节为 4 时，加入硫酸铜（$CuSO_4$），可抑制苯酚菌的分解活动。

②调节 pH 值。加入酸或碱调节水样的 pH 值，可以使一些处于不稳定态的待测成分转变成稳定态。例如，对于水样中的金属离子，需加酸调节水样的 pH<2，达到防止金属离子水解沉淀或被容器壁吸附的目的。测定氰化物或挥发酚的水样，需要加入氢氧化钠（NaOH）调节其 pH > 12，使两者分别生成稳定的钠盐或酚盐。

③氧化或还原剂。在水样中加入氧化剂或还原剂可以阻止或减缓某些组分氧化还原反应的发生。例如，在水样中加入抗坏血酸，可以防止硫化物被氧化；测定溶解氧的水样则需要加入少量硫酸锰和碘化钾 – 叠氮化钠试剂将溶解氧固定在水中。

对保存药剂的一般要求是：有效、方便、经济，而且加入的任何试剂都不应对后续的分析测试工作造成影响。对于地表水和地下水，加入的保存试剂应该使用高纯或分析纯试剂，最好用优级纯试剂。当添加试剂的作用相互有干扰时，建议采用分瓶采样、分别加入的方法保存水样。

④过滤和离心分离。水样浑浊也会影响分析结果。用适当孔径的滤器可以有效地除去藻类和细菌，滤后的样品稳定性提高。一般而言，可采用澄清、离心、过滤等措施分离水样中的悬浮物。

在国际上，通常将孔径为 0.45μm 的滤膜作为分离可滤态与不可滤态的介质，将孔径为 0.25μm 的滤膜作为除去细菌处理的介质。采用澄清后取上清液或用滤膜、中速定量滤纸、砂芯漏斗或离心等方式处理水样时，其阻留悬浮性颗粒物的能力大体为：滤膜＞离心＞滤纸＞砂芯漏斗。

欲测定可滤态组分，应在采样后立即用 0.45μm 的滤膜过滤，暂时无 0.45μm 的滤膜时，泥沙性水样可用离心方法分离；含有有机物多的水样可用滤纸过滤；采用自然沉降取上清液测定可滤态物质是不妥当的。如果要测定全组分含量，则应在采样后立即加入保存药剂，分析测定时充分摇匀后再取样。

三、水样的预处理

环境水样所含组分复杂，多数待测组分的浓度低，存在形态各异，且样品中存在大量干扰物质，因此在分析测定之前，需要进行样品的预处理，以得到待测组分适合于分析方法要求的形态和浓度，并与干扰性物质最大限度地分离。水样的预处理主要指水样的消解、待测组分的富集与分离。

（一）水样的消解

当对含有有机物的水样中的无机元素进行测定时，需要对水样进行消解处理。消解处理的目的是破坏有机物、溶解颗粒物，并将各种价态的待测元素氧化成单一高价态或转变成易于分离的无机化合物。消解的方法主要有湿式消解法和干灰化法两种。消解后的水样应清澈、透明、无沉淀。

1. 湿式消解法

（1）硝酸消解法

对于较清洁的水样，可用此法。具体方法是：取混匀的水样 50～200 mL 放入锥形瓶中，加入 5～10 mL 浓硝酸，在电热板上加热煮沸，缓慢蒸发至小体积，试液应清澈透明，呈浅色或无色，否则，应补加少许硝酸继续消解。蒸至近干时，取下锥形瓶，稍冷却后加 2% 硝酸（HNO_3）溶液 20 mL，溶解可溶盐。若有沉淀，应过滤，滤液冷却至室温后于 50 mL 容量瓶中定容，备用。

（2）硝酸–硫酸消解法

这两种酸都是强氧化性酸，其中硝酸沸点低，而浓硫酸沸点高，两者联合使用，可大大提高消解温度和消解效果，应用广泛。常用的硝酸与硫酸的比例为5：2。消解时，先将硝酸加入水样中，加热蒸发至小体积，稍冷，再加入硫酸、硝酸，继续加热蒸发至冒大量白烟，冷却后加适量水，溶解可溶盐。若有沉淀，应过滤，滤液冷却至室温后定容，备用。为提高消解效果，常加入少量过氧化氢。该法不适用于含易生成难溶硫酸盐组分（如铅、钡、锶等元素）的水样。

（3）硝酸–高氯酸消解法

这两种酸都是强氧化性酸，联合使用可消解含难氧化有机物的水样。方法要点是：取适量水样于锥形瓶中，加 $5 \sim 10$ mL 硝酸，在电热板上加热，消解至大部分有机物被分解。取下锥形瓶，稍冷却，再加 $2 \sim 5$ mL 高氯酸，继续加热至开始冒白烟，如试液呈深色再补加硝酸，继续加热至冒浓厚白烟将尽，取下锥形瓶，冷却后加 2% HNO_3 溶液溶解可溶盐。若有沉淀，应过滤，滤液冷却至室温后定容备用。因为高氯酸能与羟基化合物反应生成不稳定的高氯酸酯，有发生爆炸的危险，所以应先加入硝酸氧化水样中的羟基有机物，稍冷后再加高氯酸处理。

（4）硫酸–磷酸消解法

两种酸的沸点都比较高，其中，硫酸氧化性较强，磷酸能与一些金属离子如 Fe^{3+} 等络合，两者结合消解水样，有利于测定时消除 Fe^{3+} 等离子的干扰。

（5）硫酸–高锰酸钾消解法

该方法常用于消解测定含汞的水样。高锰酸钾是强氧化剂，在中性、碱性、酸性条件下都可以氧化有机物，其氧化产物多为草酸根，但在酸性介质中还可继续氧化。消解要点是：取适量水样，加适量硫酸和5%高锰酸钾溶液，混匀后加热煮沸，冷却，滴加盐酸羟胺破坏过量的高锰酸钾。

（6）多元消解法

为提高消解效果，在某些情况下需要通过多种酸的配合使用，特别是在要求测定大量元素的复杂介质体系中。例如，在处理测定总铬废水时，需要使用硫酸、磷酸和高锰酸钾消解体系。

（7）碱分解法

当酸消解法造成某些元素挥发或损失时，可采用碱分解法。即在水样中加入氢氧化钠和过氧化氢溶液，或者氨水和过氧化氢溶液，加热沸腾至近干，稍冷却后加入水或稀碱溶液溶解可溶盐。

（8）微波消解法

此方法主要是利用微波加热的工作原理，对水样进行激烈搅拌、充分混合和加热，能够有效提高分解速度，缩短消解时间，提高消解效率，同时，避免了待测元素的损失和可能造成的污染。

2. 干灰化法

干灰化法又称高温分解法。具体方法是：取适量水样于白瓷或石英蒸发皿中，于水浴上先蒸干，固体样品可直接放入坩埚中，然后将蒸发皿或坩埚移入马弗炉内，于 450～550℃灼烧至残渣呈灰白色，使有机物完全分解去除。取出蒸发皿，稍冷却后，用适量 2% HNO_3（或 HCl）溶液溶解样品灰分，过滤后滤液经定容后供分析测定。本方法不适用于处理测定易挥发组分（如砷、汞、镉、硒、锡等）的水样。

（二）待测组分的富集与分离

在水质监测中，待测物的含量往往极低，大多处于痕量水平，常低于分析方法的检出下限，并有大量共存物质存在，干扰因素多，所以在测定前须进行水样中待测组分的分离与富集，以排除分析过程中的干扰，提高测定的准确性和重现性。富集和分离过程往往是同时进行的，常用的方法有过滤、挥发、蒸发、蒸馏、溶剂萃取、吸附、沉淀、离子交换、冷冻浓缩、层析等，比较先进的技术有固相萃取、微波萃取、超临界流体萃取等，应根据具体情况选择使用。

1. 挥发、蒸发和蒸馏

挥发、蒸发和蒸馏主要是利用共存组分的挥发性的不同（沸点的差异）进行分离的。

（1）挥发

此方法利用某些污染组分挥发性大，或者将欲测组分转变成易挥发物质，然后用惰性气体带出而达到分离的目的。例如，汞是唯一在常温下具有显著蒸气压的金属元素，用冷原子荧光法测定水样中的汞时，先将汞离子用氯化亚锡还原为原子态汞，通入惰性气体将其带出并送入仪器测定。

（2）蒸发

蒸发一般是利用水的挥发性，将水样在水浴、油浴或沙浴上加热，使水分缓慢蒸出，而待测组分得以浓缩。该法简单易行，无须化学处理，但存在缓慢、易发生吸附损失的缺点。

（3）蒸馏

蒸馏分离是利用各组分的沸点及其蒸气压大小的不同实现分离的方法，分为常压蒸馏、减压蒸馏、水蒸气蒸馏、分馏法等。加热时，较易挥发的组分富集在蒸气相，通过对蒸气相进行冷凝或吸收，使挥发性组分在馏出液或吸收液中得到富集。

2. 液-液萃取法

液-液萃取也叫溶剂萃取，是基于物质在互不相溶的两种溶剂中分配系数不同，从而达到组分的富集与分离的方法。具体分为以下两类。

（1）有机物的萃取

分散在水相中的有机物易被有机溶剂萃取，利用此原理可以富集分散在水样中的有机污染物。常用的有机溶剂有三氯甲烷、四氯甲烷、正己烷等。

（2）无机物的萃取

多数无机物质在水相中均以水合离子状态存在，无法用有机溶剂直接萃取。为实现用有机溶剂萃取，通过加入一种试剂，使其与水相中的离子态组分相结合，生成一种不带电、易溶于有机溶剂的物质。根据生成可萃取物类型的不同，可分为螯合物萃取体系、离子缔合物萃取体系、三元络合物萃取体系和协同萃取体系等。在环境监测中常用的是螯合物萃取体系，利用金属离子与螯合剂形成疏水性的螯合物后被萃取到有机相，主要应用于金属阳离子的萃取。

3. 吸附分离法

吸附是利用多孔性的固体吸附剂将水中的一种或多种组分吸附于其表面，以达到组分分离的目的。被吸附富集于吸附剂表面的组分可用有机溶剂或加热等方式解吸出来，供分析测定。常用的吸附剂主要有活性炭、硅胶、氧化铝、分子筛和大孔树脂等。吸附剂以往多用于饮用水的净化处理工艺中。近年来，正是由于选择性吸附剂的不断推出，吸附剂在水中痕量有机物的高效富集、样品制备等方面的应用日益广泛，因此逐渐形成了一门专门的萃取技术，即固相萃取技术。

一般而言，应根据水中待测组分的性质选择合适的吸附剂。水溶性或极性化合物通常选用极性的吸附剂，而非极性的组分则选择非极性的吸附剂更为合适，对于可电离的酸性或碱性化合物则适于选择离子交换型吸附剂。例如，欲富集水中的杀虫剂或药物，通常均选择键合硅胶吸附剂，杀虫剂或药物被稳定地吸附于键合硅胶表面，当用小体积甲醇等有机溶剂解吸后，目标物被高倍富集。

吸附剂的用量与目标物性质（极性、挥发性）及其在水样中的浓度直接相关。通常，增加吸附剂用量可以增加对目标物的吸附容量，可通过绘制吸附曲线确定吸附剂的合适用量。

4. 沉淀分离法

沉淀分离法是基于溶度积原理，利用沉淀反应进行分离的方法。在待分离试液中，加入适当的沉淀剂，在一定条件下，使欲测组分沉淀出来，或者将干扰组分析出沉淀，以达到组分分离的目的。

5. 离子交换法

离子交换法是利用离子交换剂与溶液中的离子发生交换反应进行分离的方法。离子交换剂分为无机离子交换剂和有机离子交换剂。目前广泛应用的是有机离子交换剂，即离子交换树脂。通过树脂与试液中的离子发生交换反应，再用适当的淋洗液将已交换在树脂上的待测离子洗脱，以达到分离和富集的目的。该法既可以富集水中痕量无机物，又可以富集痕量有机物，分离效率高。

第三章　大气和废气监测

我国工业在飞速发展的同时也对大气造成了一定的污染，进而破坏了人们赖以生存的环境。为了人类长远发展，应注重大气污染的环境监测和治理，减少污染源的排放，提高环境保护意识，这样才能有效制止环境污染带来的影响，使人类的未来发展有所保障。本章分为大气与大气污染、大气污染监测方案的制订、大气样品的采集三部分，主要包括大气污染、基础资料收集、检测项目、采样方法等方面的内容。

第一节　大气与大气污染

一、大气

（一）大气层结构

大气亦可称为大气层或大气圈。大气层厚度约 1000 km。大气层结构是指气象要素的垂直分布情况，如气温、气压、大气密度和大气成分的垂直分布等。这里仅对气温的垂直分布做一简要介绍。根据气温在垂直于下垫面（地球表面）方向上的分布，一般将大气层分为五层，即对流层、平流层、中间层、暖层和散逸层。

1. 对流层

对流层是大气层中最低的一层。温度分布特点是下部气温高，上部气温低，大气易形成强烈的对流运动，故称为对流层。由于对流程度在热带要比寒带强烈，故自下垫面算起的对流层的厚度随纬度增加而降低：热带为 16 ~ 17 km，温带为 10 ~ 12 km，两极附近只有 8 ~ 9 km，平均厚度为 12 km 左右。对流层的主要特征有以下四点：

①对流层虽然较薄，但却集中了整个大气质量的 75% 和几乎全部的水汽，因此，主要的天气现象如云、雾、雷、雨、雪、霜、露等都发生在这一层中。对流层是气象变化最复杂、对人类活动影响最大的一层。

②气温随高度增加而降低，每升高 100 m 平均降温约 0.65℃。

③空气具有强烈的对流运动，主要是由于下垫面受热不均及其本身特性不同造成的。

④温度和湿度的水平分布不均匀，在热带海洋上空，空气比较温暖潮湿，而在高纬度内陆上空，空气则比较寒冷干燥，从而导致经常会发生大规模空气的水平运动。

对流层的底部，厚度为 1 ～ 2 km，此薄层空气受地面情况影响很大，称为大气边界层。在大气边界层中，由于受地面冷热的直接影响，特别是近地层（通常是指从下垫面算起向上 100 m 厚度的一层空气），昼夜温度可相差十几度乃至几十度。由于气流运动受地面摩擦的影响，故风速随高度的增高而增大。在这一层中，大气上下有规律的对流运动和无规律的湍流运动都比较盛行，加上水汽充足，直接影响着污染物的传输、扩散和转化。

在大气边界层以上的空气，几乎不受地面摩擦的影响，所以称为自由大气。需要指出的是，人类活动排放的污染物绝大多数聚集于对流层，大气污染也主要发生在这一层，特别是靠近地面的近地层，所以说对流层与人类的关系最为密切。

2. 平流层

从对流层顶到 50 ～ 60 km 高度的一层称为平流层。该层主要特点如下：

①平流层下部气温几乎不随高度而变化，称为同温层；平流层上部气温随高度增高而上升，称为逆温层。平流层几乎没有空气对流运动，空气垂直混合微弱。

②平流层集中了大气中大部分臭氧，并在 20 ～ 25 km 高度上达到最大值，形成臭氧层。臭氧层能够吸收大量的太阳紫外辐射，从而保护地球上的生命免受紫外线伤害。近年来，由于大气污染（进入平流层的氮氧化物、氯化氢、氟利昂有机制冷剂等能与臭氧发生光化学反应）导致臭氧层的臭氧浓度降低，并在极地已形成臭氧层空洞，这已对人类生态系统造成极大的威胁，如将会导致地球上更多的人患皮肤癌。

3. 中间层

中间层位于平流层顶之上，层顶高度为 80 ～ 85 km。这一层的特点是气温随高度增高而降低，空气具有强烈的对流运动，垂直混合明显。顶部温度可降至 -83℃。

4. 暖层

暖层位于中间层顶之上，暖层的上界距地球表面约有 800 km。在强烈的太阳紫外线和宇宙射线作用下，气温随高度升高而增高，其顶部温度可达 170℃。暖层空气处于高度的电离状态，因而存在着大量的离子和电子，故又称之为电离层。

5. 散逸层

暖层以上的大气层统称为散逸层。它是大气的最外层，气温很高，空气极为稀薄，气体粒子的运动速度很高，可以摆脱地球引力而散逸到太空中，它是大气层和星际空间的过渡地带。

（二）大气的组成

大气是由干燥清洁的混合气体、水蒸气和悬浮颗粒物组成，除去水蒸气和悬浮颗粒物的大气称为干洁空气。地球大气总质量的 98.2% 集中在 30 km 以下的大气层中，约有 50% 集中在 6 km 以下的对流层中。

1. 干洁空气的组成

干洁空气的主要成分是氮气（N_2）、氧气（O_2）和氩气（Ar），它们共占干洁空气总体积的 99.96%，而其他气体所占体积不到总体积的 0.04%。

由于大气的垂直运动、水平运动以及分子扩散，使得干洁空气的组成比例直到 90 km 的高度还基本保持不变，即在人类经常活动的范围内，任何地方干洁空气的物理性质是基本相同的。例如，干洁空气的平均相对分子质量为 28.966，在标准状态下（273 K，101325 Pa）密度为 1.293 kg/m³。在自然界，干洁空气的所有成分都处于气态，不易液化，所以可以看成理想气体。

干洁大气中，氮气、氧气、二氧化碳和臭氧在很大程度上影响了人类的活动。氧气和氮气是大气中的恒定气体成分。其中，氧气是人类和动植物维持生命的极为重要的气体，在大气中发生化学反应时，氧气起着极其重要的作用。二氧化碳和臭氧是干洁空气中的可变气体成分，对大气的温度分布影响较大。大气中的二氧化碳能吸收地表和低层大气的热辐射，因此，二氧化碳的存在，可以使地面保持较高的温度。大气中二氧化碳含量增加，地表和低层大气的温度就会升高，可形成明显的温室效应。实际上，国内外的观测均表明，大气中的二氧化碳含量在逐渐增加，此种情况如不能得到控制，则将来就会影响全球的气候。

2. 水蒸气

水蒸气在大气中的平均含量不到 0.5%，而且随时间、地点、气象条件的不同有较大变化，在热带雨林地区，其体积分数可达 4%，甚至更高；而在沙漠干燥地区却小于 0.02%。在垂直下垫面方向上，高度越大，则水蒸气含量越少，如在 5 km 的高度上，水蒸气含量仅为地面的 1/10。

3. 悬浮颗粒物

悬浮颗粒物是低层大气的重要组成部分。大气中悬浮微粒粒径一般在 10^{-4} 微米到几十微米之间。悬浮微粒包括固体微粒和水蒸气凝结成的水滴和冰晶。固体微粒可分为有机物和无机物两类；有机物主要有植物花粉、微生物和细菌等；无机物主要有岩石或土壤风化后的尘粒、燃烧后的灰尘等。悬浮颗粒物的存在可造成各种影响，如可削弱太阳辐射，降低大气能见度，对云、雾、降水的形成具有重要作用。

二、大气污染

（一）大气污染的分类

1. 按污染所涉及的范围分类

按照污染所涉及的范围，大气污染大致可分为以下四类：

①局部地区污染。局部地区污染指的是由某个污染源造成的较小范围内的污染。

②地区性污染。地区性污染，如工矿区及附近地区或整个城市的大气污染。

③广域污染。广域污染，即超过行政区划的广大地域的大气污染，涉及的地区更加广泛。

④全球性污染或国际性污染。例如，大气中硫氧化物、氮氧化物、二氧化碳和飘尘的不断增加和输送所造成酸雨污染和大气的暖化效应，已成为全球性的大气污染。

2. 按照能源性质和污染物的种类分类

按能源性质和污染物的种类，大气污染可分为以下四类：

①煤烟型（又称还原型）污染。由煤炭燃烧放出的烟尘、二氧化硫等造成的污染，以及由这些污染物发生化学反应而生成的硫酸及其硫酸盐类所构成的气溶胶污染物。20世纪中叶以前和目前仍以煤炭作为主要能源的国家和地区的大气污染属此类污染。

②石油型（又称汽车尾气型、氧化型）污染。石油型污染包括由石油开采、炼制和石油化工厂的排气以及汽车尾气的碳氢化合物、氮氧化物等造成的污染，以及这些物质经过光化学反应形成的光化学烟雾污染。

③混合型污染。其具有煤烟型和石油型污染的特点。在大气混合污染物中，多种污染物都以高浓度同时存在，它们之间相互耦合，发生复杂的化学反应，形成新的二次污染物。目前，我国的一些城市空气中也存在较大量的煤炭和石油燃烧的污染物并存的现象。

④特殊型污染。特殊型污染指的是由工厂排放某些特定的污染物所造成的局部污染或地区性污染，其污染特征由所排污染物决定。例如，磷肥厂排出的特殊气体所造成的污染、氯碱厂周围易形成氯气污染等。

（二）大气污染的危害

1. 对植物的伤害

受污染的空气对植物的破坏有两种途径。一种是被污染空气中污染物的毒性破坏了敏感的细胞膜。例如：二氧化硫能直接损害植物的叶子，特别是生理功能旺盛的成熟叶子，因为成熟叶子气孔开得最大，而二氧化硫主要是通过气孔侵入的；氟化氢对植物来说是一种累积性毒物，即使暴露在极低的浓度中，植物最终也会把氟化物累积到足以损害其叶子组织的程度；臭氧可对植物气孔和膜造成损害，导致气孔关闭，可损害三磷酸腺苷的形成，降低光合作用对根部营养物的供应，影响根系向植物上部输送水分和养料。另一种是通过乙烯类的化学物质，充当植物激素，干扰植物正常的新陈代谢，破坏植物正常的生长和发展。公路和工业区附近的甲醛含量很高，足以伤害敏感植物。一些科学家认为欧洲和北美洲大量森林的毁灭是由于火山喷发出的挥发性有机物造成的。

环境因素之间的特定结合会产生协同效应，即同时面临两种环境因素造成的伤害要大于各单因素分别作用之和。例如，白松幼苗分别暴露于低浓度的臭氧和二氧化硫气体中时，没有可见的伤害发生，可是当同样浓度的两种气体同时作用时，会产生可见的伤害。

2. 对人体健康的影响

大气污染对人体健康危害严重，其影响与污染物的浓度和毒性、暴露时间，以及人体健康状况有关。呼吸是人体受到大气污染危害最直接、最主要的途径，因此，大气污染危害的主要表现为会引起一系列呼吸道疾病。此外，直接的皮肤吸收和食用受污染的食物也是危害人体健康重要的途径。在突发的高浓度污染物作用下会造成人的急性中毒，并在短时间内引起死亡。

（1）颗粒物

颗粒物对人体健康的影响，主要取决于颗粒物的暴露浓度、颗粒物的粒径和颗粒物的理化活性。

研究数据表明，因呼吸道疾病、心脏病、肺气肿等疾病到医院就诊的人数的增加，与大气中颗粒物浓度的增加是相关的。在震惊世界的英国伦敦烟雾事件中，颗粒物的浓度与死亡人数具有高度相关性。

颗粒物粒径的大小也同样强烈影响着它们危害的范围及其严重性。一方面，粒径越小越不容易沉降，长时间的漂浮会很容易被人吸入体内，且粒径越小，越容易沉积在肺泡的深处，引起严重的尘肺病。另一方面，粒径越小，粉尘比表面积越大，物理、化学活性越高，越容易吸附空气中的各种有害气体（如苯并芘、细菌）而成为它们的载体和进一步反应的反应床。

颗粒物的化学性质在决定它们对健康和环境的影响时也非常重要，如重金属（如铬、锰、镉、铅、汞、砷等）和杀虫剂残余物对人体健康的危害很大，严重时会引起中毒和死亡。

（2）硫氧化物

二氧化硫浓度较低时，会引起人类包括动物出现支气管收缩，其浓度较高时，多数人开始感觉到刺激，甚至个别人会出现严重的支气管痉挛。与颗粒物和水分结合的硫氧化物对人类健康的影响更加显著。

当大气中的二氧化硫氧化形成硫酸和硫酸烟雾时，即使其浓度只相当于二氧化硫的 1/10，其刺激和危害也将更加明显。动物实验表明，硫酸烟雾引起的生理反应要比单一二氧化硫气体强 4 ～ 20 倍。

（3）一氧化碳

一氧化碳是一种有毒吸入物。被人体吸入后，一氧化碳会与血液中负责携带氧气的血红蛋白结合，其结合力比氧气与血红蛋白的结合力大 210 倍，从而妨碍氧气的补给。人暴露于高浓度的一氧化碳中会导致死亡。

（4）氮氧化物

氮氧化物中对环境影响较大的主要是一氧化氮和二氧化氮。

一氧化氮对生物的影响还不清楚，动物实验认为，其毒性仅为二氧化氮的1/5，但当一氧化氮被释放到大气中以后，会慢慢被氧化成二氧化氮。

二氧化氮是棕红色气体，对呼吸器官有强烈的刺激作用，会迅速破坏肺细胞，可能是导致哮喘病、肺气肿和肺癌的一种病因。二氧化氮浓度升高对儿童的影响尤为明显。当二氧化氮与碳氢化合物混合时，在阳光照射下发生光化学反应生成光化学烟雾。光化学烟雾的成分是光化学氧化剂，它的危害更加严重。

（5）臭氧

在近地面发现的大气污染物——臭氧可以被认为是一种"坏"臭氧，以区别于在地球高空平流层存在的"好"臭氧保护层。近地面臭氧是光化学烟雾的重要组成部分，由大气中的氮氧化物和碳氢化合物气体（也被称为挥发性有机化合物或者活性有机气体）通过复杂的化学反应生成。这些化学反应由夏日的太阳光引发，因为太阳光提供了开始光化学反应的能量。我们把它称为近地面臭氧或对流层臭氧以区别有益的平流层臭氧。

臭氧属于光化学氧化剂。这些化合物还包括过氧乙酰硝酸酯（PAN）、过氧苯酰基硝酸酯(PBN)和其他能使碘化钾的碘离子氧化的痕量物质，非常活泼。近地面臭氧及其他光氧化剂能导致健康问题，因为它会破坏肺组织，减弱肺功能，并且使肺对其他刺激更敏感。研究表明，大气环境中高浓度的臭氧不仅会让呼吸系统受到损害，如对患有哮喘病的人产生影响，同时也会对健康人体产生影响。

（6）有机化合物

城市大气中有很多有机化合物是可疑的致突变物和致癌物，包括卤代甲烷、卤代乙烷、卤代丙烷、氯烯烃、氯芳烃、芳烃、氧化产物和氮化产物等。特别是多环芳烃（PAHs）类大气污染物，大多有致癌作用，其中苯并芘是强致癌物质。城市大气中的苯并芘主要来自煤、油等燃料的未完全燃烧及机动车排气。苯并芘主要通过呼吸道侵入肺部，并引起肺癌。实测数据表明，肺癌与大气污染、苯并芘含量的相关性是显著的。从世界范围看，城市肺癌死亡率约比农村高2倍，有的城市肺癌死亡率是农村的9倍。

（7）铅

铅是一种重金属，能使神经受到损伤并且会对肝脏和肾脏等器官产生不利影响。儿童暴露在铅污染中会更容易受到一系列的影响，如影响正常发育等。

一旦铅通过呼吸或其他方法被摄入人体，它会在血液、骨骼和软组织中产生生物积累，因此铅的影响不太容易被逆转。大气中最大的铅排放源是使用含铅汽油的机动车。此外，铅冶炼和制造过程、水管中铅的腐蚀及含铅涂料等也是大气中铅的重要来源。

3. 对器物和材料的影响

大气污染对金属制品、油漆涂料、皮革制品、纸制品、纺织品、橡胶制品和建筑物等也会产生严重损害。这种损害包括玷污性损害和化学性损害两个方面。玷污性损害时是尘、烟等粒子落在器物表面造成的，有的可以通过清扫冲洗除去，有的很难除去，如煤油中的焦油等。化学性损害是由于污染物的化学作用，使器物腐蚀变质的，如二氧化硫可使纸张变脆、褪色，使胶卷出现污点，使皮革脆裂并使纺织品抗张力降低。二氧化硫是造成金属腐蚀最为严重的污染物。含硫物质或硫酸会侵蚀多种建筑材料，如石灰石、大理石、花岗岩、水泥砂浆等，这些建筑材料先形成较易溶解的硫酸盐，然后被雨水冲刷掉。O_3 及 NO_x 会使染料与绘画褪色，使艺术品失去价值。

（三）造成大气污染的因素

1. 自然环境

众所周知，我国地广人多，但是沙漠化问题较为严重，很多地区的绿色植物存活率较低，再加上我国工业化飞速发展，现有技术水平很难彻底净化工业废气，所以造成很多地区的大气被严重污染，增加了大气污染治理的工作难度。

2. 制度及政策

一方面，我国目前对大气污染治理工作的重视程度还有待提高，这导致很多企业在实际工作中，并未充分考虑到是否会对大气造成污染，工业企业随意排放，进而造成污染问题。当然，这与相关职能部门缺乏对工作的责任意识存在直接关系，由于治理工作落实不到位，造成大气污染问题经常发生。

另一方面，现有针对大气污染治理的法律法规还不够健全，虽然我国出台了环境保护法律条款，但由于环境保护机制的匮乏，致使相应的环境保护工作难以落到实处，导致法律条款作用无法发挥出来。

3. 技术水平落后

虽然环境问题是世界性问题，但从整体来看，我国相比于西方发达国家，在大气污染治理技术水平方面明显落后，其中环境保护设备生产以及技术应用上还存在诸多不完善之处，这在很大程度上影响了大气污染治理的效果。

4.社会层面

首先，随着我国经济的飞速发展，社会生产生活对化石能源的需求日益增加。我国本身人口众多，在能耗上也较为突出，其中包含了石油、煤炭等化石资源，与其他国家相比，数量不断增加。而针对化石资源的使用，虽然现在已经进行了脱硫处理，但依旧无法彻底消除硫元素，由此产生的废气会直接污染空气，进而导致大气环境被污染。

其次，纵观全国绿化覆盖率，还需要进一步提升，尤其是近年来城市化建设背景下，大片的土地建设成为高楼大厦，空地用来建设工业厂房，导致很多绿色植物减少，也在一定程度上加剧了大气环境质量的恶化。

最后，城市的发展必然带动交通事业的日益发达。各个产业发展需要强大的物流体系支撑，为此，汽车数量不断增多，进而造成路面交通拥堵，而汽车排放的尾气，会直接污染大气环境。

第二节　大气污染监测方案的制订

一、基础资料收集

进行大气污染监测前，首先要收集必要的基础资料，然后经过综合分析，确定监测项目，设计布点网络，选定采样频率、采样方法和监测技术，建立质量保证程序和措施，提出监测结果报告要求及进度计划等。

（一）污染源分布及排放情况

通过调查，将监测区域内的污染源类型、数量、位置、排放的主要污染物及排放量一一弄清楚，同时还应了解所用原料、燃料及消耗量。注意将由高烟囱排放的较大污染源与由低烟囱排放的小污染源区别开来。因为小污染源的排放高度低，对周围地区地面空气中污染物浓度影响比高烟囱排放源大。另外，对于交通运输污染较重和有石油化工企业的地区，应区别一次污染物和由于光化学反应产生的二次污染物。因为二次污染物是在大气中形成的，其高浓度可能在远离污染源的地方，在布设监测点时应加以考虑。

（二）气象资料

污染物在空气中的扩散、迁移和一系列的物理、化学变化在很大程度上取决于当时当地的气象条件。因此，要收集监测区域的风向、风速、气温、气压、降水量、日照时间、相对湿度、温度垂直梯度和逆温层底部高度等资料。

（三）地形资料

地形对当地的风向、风速和大气稳定情况等有影响，是设置监测网点应当考虑的重要因素。例如，工业区建在河谷地区时，出现逆温层的可能性大；位于丘陵地区的城市，市区内空气污染物的浓度梯度会相当大；位于海边的城市会受海、陆风的影响，而位于山区的城市会受山谷风的影响等。为掌握污染物的实际分布状况，监测区域的地形越复杂，要求布设的监测点就越多。

（四）土地利用和功能分区情况

监测区域内土地利用情况及功能区划分也是设置监测网点应考虑的重要因素之一。不同功能区的污染状况是不同的，如工业区、商业区、混合区、居民区等。还可以按照建筑物的密度、有无绿化地带等做进一步分类。

（五）人口分布及人群健康情况

环境保护的目的是维护自然环境的生态平衡，保护人群的健康，因此，掌握监测区域的人口分布、居民和动植物受空气污染危害情况及流行性疾病等资料，对制订监测方案、分析判断监测结果是有益的。

此外，对于监测区域以往的空气监测资料等也应尽量收集，供制订监测方案时参考。

二、监测项目

大气中的污染物质多种多样，应根据优先监测的原则，选择那些危害大、涉及范围广、测定方法成熟的污染物进行监测。

（一）空气污染常规监测项目

必测项目：二氧化硫、氮氧化物、总悬浮颗粒物、硫酸盐化速率、灰尘、自然降尘量。

选测项目：一氧化碳、飘尘、光化学氧化剂、氟化物、铅、汞、苯并芘、总烃及非甲烷烃。

（二）连续采样实验室分析项目

必测项目：二氧化硫、氮氧化物、总悬浮颗粒物、硫酸盐化速率、灰尘、自然降尘量。

选测项目：一氧化碳、可吸入颗粒物（PM10）、光化学氧化剂、氟化物、铅、苯并芘、总烃及非甲烷烃。

（三）大气环境自动监测系统监测项目

必测项目：二氧化硫、二氧化氮、总悬浮颗粒物或可吸入颗粒物、一氧化碳。

选测项目：臭氧、总碳氢化合物。

三、采样点的布设

（一）布设采样点的原则和要求

①采样点应设在整个监测区域的高、中、低三种不同污染物浓度的地方。

②在污染源比较集中、主导风向比较明显的情况下，应将污染源的下风向作为主要监测范围，布设较多的采样点，上风向布设少量采样点作为对照。

③工业较密集的城区和工矿区、人口密度及污染物超标地区，要适当增设采样点；城市郊区和农村、人口密度小及污染物浓度低的地区，可酌情少设采样点。

④采样点的周围应开阔，采样口水平线与周围建筑物高度的夹角应不大于30度，监测点周围无局部污染源，并应避开树木及吸附能力较强的建筑物。交通密集区的采样点应设在距人行道边缘至少 1.5 m 处。

⑤各采样点的设置条件要尽可能一致或标准化，使获得的监测数据具有可比性。

⑥采样高度根据监测目的而定：研究大气污染对人体的危害，应将采样器或测定仪器设置于常人呼吸带高度，即采样口应在离地面 1.5～2 m 处；研究大气污染对植物或器物的影响，采样口高度应与植物或器物高度相近；连续采样例行监测采样口高度应距地面 3～15 m；若置于屋顶采样，采样口应与基础面有 1.5 m 以上的相对高度，以减小扬尘的影响。特殊地形地区可视实际情况选择采样高度。

（二）布点方法

1. 功能区布点法

功能区布点，就是在大气环境监测的初始阶段，按照区域范围内的不同功能区位划分，分别进行大气监测布点。从区域范围内来说，一般会有生活区、商业区、工业区、教育区等不同的功能区位。而在不同的功能区位中，大气污染情况存在差别。因此，为了精准监测大气环境，就要立足区域内的功能区分布，依照不同情况，分别设置监测点位。

比如对于工业区，在工业生产中容易产生污染大气的污染物，因此工业区的环境监测布点，就要贴近工业厂房，同时适当增加数量。而对于教育区，区内的大气污染物处于较低水平，因此环境监测布点可以适当减少。依据不同功能分区，分别进行监测布点，可以让大气环境监测的效果更好。

2. 网格布点法

网格布点，主要用于污染均匀或者没有集中污染的区域内。比如对于功能区，在生活区、教育区和商业区，这些功能区域内，基本上没有集中性的污染物排放，区域内的大气污染物质分布相对来说比较均匀。对于此种情况，就可以将区域进行网格划分，每个网格点布设监测点即可。而网格疏密，需要结合监测区域面积大小来确定，以确保区域范围内具有足够的监测点位。

3. 同心圆布点法

这种监测布点方法，主要就是针对存在集中污染的情况进行的大气环境监测。以集中污染区域作为监测核心，然后以该监测核心为中心，设置多段不同的半径画出多层同心圆，在每个同心圆上设置监测点。这样一来，圆心区域的几种污染区域，就是大气环境监测的重点，距离圆心越远，监测布点越稀疏。

4. 扇形布点法

扇形布点主要适合运用在存在孤立的高架点源且受到风向影响的情况。在固定风向的影响下，污染物一般朝着一个扇形方向扩散。因此，在进行大气环境监测的时候，就要根据具体的风向，以污染点源为起点，画出一个扇形，在扇形中确定环境监测点位。

5. 平行布点法

平行布点法适用于线性污染源。线性污染源如公路等，在距公路两侧 1 m 左右布设监测网点，然后在距公路 100 m 左右的距离布设与前面监测点对应的监测点，目的是了解污染物经过扩散后对环境产生的影响。在前后两点对比采样时要注意污染物组分的变化。

（三）采样点数目

采样点的数目设置是一个与精度要求和经济投资相关的效益函数，应根据监测范围大小、污染物的空间分布特征、人口分布密度、气象、地形、经济条件等因素综合考虑确定。

（四）监测布点的质量控制

在大气环境监测中，对于监测布点，还需要注意质量控制，要确保点位选择的合理性，以便能够对大气环境实现有效的监测。

1. 控制采样点位高度

要确保环境监测布点的合理性，就需要控制采样点的高度，即要根据污染物的不同类型，以及污染物在大气中的漂浮情况，合理确定监测点位的高度，要在合适的高度，对相关污染物实现监测，避免高度不合理导致的监测失真。不仅如此，还要根据监测区域的实际情况，如地形地势、温度、风力等，合理确定点位高度。

2. 避开污染源

为了保证监测布点的科学性，还要注意避开污染源。大气环境监测是针对大气情况进行的监测，因此不能直接靠近污染源，因为污染源的污染等级肯定高于正常大气，这样得出的结果并不合理。所以就要避开污染源，不能直接对其进行监测。

3. 远离障碍物

环境监测布点，还要注意远离障碍物。障碍物的存在会阻隔大气流动，影响污染物的散布。靠近障碍物布设监测点位，会导致大气环境监测不准确，如靠近大体积建筑，或是存在辐射性的建筑，就可能对监测点位的监测采样结果造成影响，干扰到后续的环境监测分析。

四、采样时间和采样频率

采样时间系指每次采样从开始到结束所经历的时间，也称采样时段。采样频率是指在一定时间范围内的采样次数。这两个参数要根据监测目的、污染物分布特征及人力、物力等因素决定。采样时间短，试样缺乏代表性，监测结果不能反映污染物。浓度随时间的变化，仅适用于事故性污染、初步调查等情况的应急监测。为增加采样时间，目前采用以下两种方法。

（一）增加采样频率

每隔一定时间采样测定一次，取多个试样测定结果的平均值为采样代表值。例如，在一个季度内，每六天或每个月采样一天，而一天内又间隔等时间采样测定一次（如在 2、8、14、20 时采样分别测定），求出日平均、月平均和季度平均监测结果。这种方法适用于受人力、物力限制而进行人工采样测定的情况，是目前进行大气污染常规监测、环境质量评价现状监测等广泛采用的方法。若采样频率安排合理、适当，积累足够多的数据，则具有较好的代表性。

（二）使用自动采样仪器进行连续自动采样

若再配用污染组分连续或间歇自动监测仪器，其监测结果便能很好地反映污染物浓度的变化，得到任何一段时间（如 1 小时、1 天、1 个月、1 个季度、1 年）的代表值（平均值），这是最佳采样和测定方式。显然，连续自动采样监测频率可以选得很高，采样时间很长，如一些发达国家为监测空气质量的长期变化趋势，要求计算年平均值的积累采样时间在 6000 小时以上。

第三节　大气样品的采集

一、采样方法

按采样原理可将大气采样方法分为直接采样法、富集（浓缩）采样法和无动力采样法三种；按采样时间和方式可分为间断采样法和 24 小时连续采样法。以下重点介绍直接采样法和富集采样法。

（一）直接采样法

当大气污染物浓度较高，或测定方法较灵敏，用少量气样就可以满足监测分析要求时，用直接采样法。如用氢火焰离子化检测器测定空气中的苯系物。常用的采样工具有塑料袋、注射器、采气管和真空瓶、不锈钢采样罐等。

1. 塑料袋采样

塑料袋采样应选择与气样中待测组分既不发生化学反应，也不吸附、不渗漏的塑料袋。常用的有聚四氟乙烯袋、聚乙烯袋及聚酯袋等。为减小对被测组分的吸附，可在袋的内壁衬银、铝等金属膜。采样时，袋内应保持干燥，先用现场气体冲洗 2～3 次，再充满气样，封闭进气口，带回实验室分析。用带金属衬里的采样袋可以延长样品的保存时间，如聚氯乙烯袋对一氧化碳可保存10～15 小时，而铝膜衬里的聚酯袋可保存 100 小时。

2. 注射器采样

常用的 100 mL 注射器，适用于采集有机蒸气样品。采样时，先用现场气体抽洗 2～3 次，然后抽取 100 mL 样品，密封进气口，带回实验室在 12 小时内进行分析。

3. 采气管采样

采气管是两端具有旋塞的管式玻璃容器，其容积为 100～500 mL。采样时，先打开两端旋塞，将二连球或抽气泵接在管的一端，然后迅速抽进比采气管容积大 6～10 倍的气样，完全置换出采气管中的原有气体，最后关上两端旋塞。

4. 真空瓶采样

真空采样瓶是一种用耐压玻璃制成的固定容器，容积为 500～1000 mL。采样时，先用抽真空装置将采气瓶内压力抽至 1.33 kPa 左右。若瓶内预先装入吸收液，可抽至溶液冒泡为止，关闭旋塞。采样时，打开旋塞，被采空气即进入瓶内，关闭旋塞，则采样体积为真空采气瓶的容积。如果采气瓶内真空度达不到 1.33 kPa，则实际采样体积应根据剩余压力进行计算。

5. 不锈钢采样罐采样

不锈钢采样罐的内壁经过抛光或硅烷化处理。可根据采样要求，选用不同容积的采样罐。使用前采样罐被抽成真空，采样时将采样罐放置现场，采用不同的限流阀可对空气进行瞬时采样或编程采样。该方法可用于空气中总挥发性有机物的采样。

（二）富集采样法

当大气中被测物质浓度很低，或所用分析方法灵敏度不高时，需用富集采样法对大气中的污染物进行浓缩。富集采样的时间一般都比较长，测得的结果是在采样时段内的平均浓度。富集采样法有溶液吸收法、固体阻留法和低温冷凝法。

1. 溶液吸收法

溶液吸收法是采集空气中气态、蒸汽态及某些气溶胶态污染物的常用方法。采样时，用抽气装置将空气以一定流量抽入装有吸收液的吸收瓶（管）。采样结束后，倒出吸收液进行测定，根据测得的结果及采样体积计算空气中污染物的浓度。

溶液吸收法常用的气样吸收瓶（管）有多孔玻璃筛板吸收瓶、气泡式吸收瓶和冲击式吸收瓶。

气样通过吸收瓶的筛板后，被分散成很小的气泡，且阻留时间长，大大增加了气液接触面积，从而提高了吸收效果。溶液吸收法不仅适合采集气态和蒸汽态物质，还能采集气溶胶态物质。

2. 固体阻留法

固体阻留法分为填充柱阻留法和滤膜阻留法。

（1）填充柱阻留法

填充柱是一根长 6～10 cm、内径为 3～5 cm 的玻璃管，或者是内壁抛光的不锈钢管，内装颗粒状或纤维状填充剂。采样时，让气样以一定流速通过填充柱，待测组分因吸附、溶解或化学反应等作用被阻留在填充剂上，从而达到富集采样的目的。采样后，通过解吸或溶剂洗脱，使被测组分从填充剂上释放出来。根据填充剂阻留作用的原理，填充柱可分为吸附型、分配型和反应型三种类型。

①吸附型填充柱。其填充剂是颗粒状固体吸附剂，如活性炭、硅胶、分子筛、高分子多孔微球等。这些多孔物质的比表面积大，对气体和蒸汽有较强的吸附能力。

②分配型填充柱。这类填充柱的填充剂是表面涂高沸点有机溶剂的惰性多孔颗粒物（如硅藻土），类似于气液色谱柱中的固定相。当被采集气样通过填充柱时，在有机溶剂（固定液）中分配系数大的组分保留在填充剂上而被富集。例如，空气中的有机氯农药（六六六、DDT 等）和多氯联苯（PCB）多以蒸汽或气溶胶态存在，用溶液吸收法采样效率低，但用涂渍 5% 甘油的硅酸铝载体填充剂采样，采集效率可达 90%。

③反应型填充柱。这种柱的填充剂是由惰性多孔颗粒物（如石英砂、玻璃微球等）或纤维状物（如滤纸、玻璃棉等）表面涂渍能与被测组分发生化学反应的试剂制成的，也可用能与被测组分发生化学反应的纯金属（如金、银、铜等）丝或细粒作填充剂，适用于采集气态、蒸汽态和气溶胶态物质。气样通过填充

63

柱时，被测组分在填充剂表面因发生化学反应而被阻留。采样后，将反应产物用适宜溶剂洗脱或加热吹气解吸下来进行分析。例如，空气中的微量氨可用装有涂渍硫酸的石英砂填充柱富集，采样后用水洗脱下来进行测定。

（2）滤膜阻留法

滤膜阻留法指将滤膜放在采样夹上，用抽气装置抽气，则空气中的颗粒物被阻留在滤膜上，称量滤膜上富集的颗粒物质量，根据采样体积，即可计算出空气中颗粒物的浓度。

滤膜利用直接阻截、惯性碰撞、扩散沉降、静电引力和重力沉降等作用采集空气中的气溶胶颗粒物。滤膜的采集效率除与自身性质有关外，还与采样速度、颗粒物的大小等因素有关。低速采样时以扩散沉降作用为主，对细小颗粒物的采集效率高；高速采样时以惯性碰撞作用为主，对较大颗粒物的采集效率高。

常用的滤膜有玻璃纤维滤膜、聚氯乙烯纤维滤膜、微孔滤膜等。

玻璃纤维滤膜吸湿性小、耐高温、阻力小，但其机械强度差。其常用于采集空气中的悬浮颗粒物，样品用酸或有机溶剂提取。可用于不受滤膜组分及所含杂质影响的元素分析及有机污染物分析。

聚氯乙烯纤维滤膜吸湿性小、阻力小、有静电现象、采样效率高、不亲水、能溶于乙酸丁酯，适用于重量法分析，消解后可做元素分析。

微孔滤膜是由醋酸纤维素或醋酸－硝酸混合纤维素制成的多孔性有机薄膜，其孔径细小、均匀，质量小。微孔滤膜阻力大、吸湿性强，有静电现象，机械强度好，可溶于丙酮等有机溶剂。不适用于进行重量分析，消解后适用于元素分析。由于金属杂质含量极低，因此特别适用于采集分析金属的气溶胶。

3. 低温冷凝法

空气中某些沸点比较低的气态污染物，如烯烃类、醛类等，在常温下用固体填充剂等方法富集效果不好，采用低温冷凝法可提高采集效率。

低温冷凝法是将 U 形管或蛇形采样管插入冷阱中，当空气流经采样管时，被测组分因冷凝而凝结在采样管底部。

制冷的方法有半导体制冷器法和制冷剂法。常用的制冷剂有冰、冰－盐水、干冰－乙醇、干冰、液氧、液氮等。

低温冷凝采样法具有效果好、采样量大、利于组分稳定等优点。但空气中的水蒸气、二氧化碳等组分也会同时被冷凝下来，在气化时，这些组分也会气化，增大了气体总体积，从而降低浓缩效果，甚至干扰测定结果。为此，应在采样管的进气端装置选择性过滤器（内装高氯酸镁、碱石棉、氯化钙等），以除去空气中的水蒸气和二氧化碳等。但所用干燥剂和净化剂不能与被测组分发生作用，以免引起被测组分损失。

（三）无动力采样法

无动力采样法是指将采样装置或气样捕集介质暴露于环境空气中，不需要抽气动力，利用环境空气中待测污染物分子的自然扩散、迁移、沉降或化学反应等原理直接采集污染物的采样方式。其监测结果可代表一段时间内环境空气污染物的时间加权平均浓度或浓度变化趋势。

自然降尘量、硫酸盐化速率及空气中氟化物的测定常采用无动力采样法。

二、空气采样系统

环境空气监测采样系统由采样头、样品收集器、流量测量和控制装置以及抽气泵四部分组成。由于环境空气中污染物的种类多，浓度变化范围宽，存在状态互异，所以随着检测目的的不同，采样系统必须与之适应方能满足要求。

（一）抽气动力

采样抽气动力应根据现场采样的方法、气体流量、所需通气体积及采样现场有无电源等条件进行选择。常用的抽气动力有手动和电动两类。

在采气量小、气流速度慢、采样时间短、现场无电源的场合可用手动抽气设备，如二连球、注射器、抽气筒、水抽气瓶等。

二连球是实验室常用的简单注气器具，可在大气污染物采集通气体积和通气流速要求不精确的条件下使用，如向塑料袋中注气。

抽气筒是金属制成的圆筒，内带活塞。活塞往返动作可连续抽气。抽气速度用手控制，每次可抽动 100 ~ 150 mL 气体。也可用 100 mL 的注射器连接三通活塞代替抽气筒。

水抽气瓶是简单易取的抽气设备，可用两个 5000 mL 的玻璃瓶或硬塑料桶，中间连接的胶管上夹有两个螺旋夹，其中一个用于调节流速，另一个当作开关，高瓶装水至指定刻度，并连接收集器，采样时打开螺旋夹，高瓶水流向低瓶，被采气体通过收集器进入高瓶，水流体积即通气体积。

电动抽气设备于抽气速度高、抽气量大、采样时间较长时选用，但现场应有适宜的电源。常用的设备有薄膜泵、电磁泵、真空泵及刮板泵等。

薄膜泵的原理是用电动机通过偏心轮带动泵上的橡皮薄膜，当电动机转动时，薄膜不断地抬起和压下。当薄膜抬起时，空气由进气活门吸入；当薄膜压下时，空气由出气活门排出。采气流量为 0.5～3.0 L/min，薄膜泵轻便、易于携带、噪声小，适用于阻力不大的浓缩采样。

电磁泵是一种无电机小型抽气泵。由于电磁力的作用，使振动杆带动橡皮泵室做往复振动，不断地开启和关闭泵室内的膜瓣。其可长时间运转，采气流量为 0.5～1.0 L/min，可作为阻力不大的采样器抽气动力或装配于某些自动监测仪上。

真空泵和刮板泵抽气速度较快，常用于采集大气颗粒物时的抽气动力。但是，真空泵比较笨重，现场使用不便。刮板泵重量较轻，携带方便，可带动阻力为 17 kPa 的滤膜夹。

（二）流量计

流量计是测量气体流量的仪器，而流量是计算采气体积的参数。常用的流量计有皂膜流量计、孔口流量计、转子流量计、湿式流量计和质量流量计等。

皂膜流量计是一根标有体积刻度的玻璃管，管的下端有一支管和装满肥皂水的橡皮球，当挤压橡皮球时，肥皂水液面上升，由支管进来的气体便吹起皂膜，并在玻璃管内缓慢上升，准确记录通过一定体积气体所需时间，即可得知流量。这种流量计常用于校正其他流量计，在很宽的流量范围内，误差皆小于 1%。

孔口流量计有隔板式和毛细管式两种。当气体通过隔板或毛细管小孔时，因阻力而产生压力差；气体流量越大，阻力越大，产生的压力差也越大，由下部的 U 形管两侧的液柱差可直接读出气体的流量。

转子流量计是由一个上粗下细的锥形玻璃管和一个金属制转子组成。当气体由玻璃管下端进入时，由于转子下端的环形孔隙截面积大于转子上端的环形孔隙截面积，所以转子下端气体的流速小于上端的流速，下端的压力大于上端的压力，使转子上升，直到上、下两端压力差与转子受到的重力大小相等时，转子停止不动。

气体流量越大，转子升得越高，可直接从转子上沿位置读出流量。当空气湿度大时，需在进气口前连接一个干燥管，否则，转子吸附水分后重量增加，影响测量结果。

第四章　土壤与固体废物的监测

　　土壤是人类生存的基本要素之一，但由于工农业飞速发展，带来一定程度上对土壤的污染与风险，而想要精准地评价风险状况就需要土壤环境监测。此外，随着社会进步、经济发展，产生的工业和生活垃圾越来越多。如何处理这些固体废物，提高相关监测技术，已经成为关系到国计民生的大事。本章分为土壤组成与土壤污染、土壤环境监测方案的制订、土壤样品的采集与预处理、固体废物样品的采集与预处理、固体废物有害特性监测五部分，主要包括土壤组成与性质、土壤样品的采集、固体废物样品的采集等方面的内容。

第一节　土壤组成与土壤污染

一、土壤组成与性质

（一）土壤矿物质

　　土壤矿物质是土壤的主要组成物质，构成了土壤的"骨骼"，一般占土壤固相部分质量的95%～98%。其余部分为有机质、土壤微生物体。土壤矿物质的组成、结构和性质，对土壤物理性质（结构性、水发性质、通气性、热学性质、力学性质和耕性）、化学性质（吸附性能、表面活性、酸碱性、缓冲作用等）以及生物与生物化学性质（土壤微生物、生物多样性等）均有深刻的影响。由坚硬的岩石矿物演化成具有生物活性和疏松多孔的土壤，要经过极其复杂的风化、成土过程。因此，土壤矿物组成也是鉴定土壤类型、识别土壤形成过程的基础。

1. 土壤矿物质的元素组成

土壤中矿物质主要是由岩石中的矿物变化而来，土壤矿物部分的元素组成很复杂，元素周期表中的全部元素几乎都能从中发现。但主要的约有20种，包括氧、硅、铝、铁、钙、镁、钛、钾、钠、磷和硫，以及锰、锌、铜、钼等微量元素。在矿物质的主要元素组成中，氧和硅是地壳中含量最多的两种元素，分别占总含量的47%和29%，铁、铝次之，四者相加共占地壳质量的88.7%。其余90多种元素合在一起约占地壳质量的11.3%。所以，组成地壳的化合物中，绝大多数是含氧化合物，以硅酸盐最多。在地壳中，植物生长所必需的营养元素含量很低，其中磷、硫均不到0.1%，氮只有0.01%，而且分布很不平衡，远远不能满足植物和微生物营养的需要。土壤矿物的化学组成，一方面继承了地壳化学组成的特点，另一方面在成土过程中增加了某些化学元素，如氧、硅、碳、氮等，有的化学元素又显著下降了，如钙、镁、钾、钠等。这反映了成土过程中元素的分散、富集特性和生物积聚作用。

2. 土壤的矿物组成

土壤矿物按矿物的来源，可分为原生矿物和次生矿物。原生矿物是直接源于母岩的矿物，岩浆岩是其主要来源；次生矿物则是由原生矿物分解转化而成的。

土壤原生矿物指经过不同程度的物理风化，未改变化学组成和晶体结构的原始成岩矿物，主要分布在土壤的砂粒和粉粒中。土壤中原生矿物类型和数量在很大程度上取决于矿物的稳定性。石英是极稳定的矿物，具有很强的抗风化能力，因而土壤的粗颗粒中其含量就高。长石类矿物占地壳质量的50% ~ 60%，同时也具有一定的抗风化稳定性，所以土壤粗颗粒中的含量也较高。土壤原生矿物是植物养分的重要来源。原生矿物中含有丰富的钙、镁、钾、钠、磷、硫等常量元素和多种微量元素，经过风化作用释放供植物和微生物吸收利用。

（二）土壤有机质

土壤有机质是指存在于土壤中的所有含碳有机物质，它包括土壤中各种动植物残体、微生物及其分解和合成的各种有机物质。土壤有机质可分为非腐殖物质和腐殖物质。

1. 土壤有机质的作用

（1）土壤有机质与重金属离子的作用

土壤有机质对重金属离子有较强的络合和富集能力。土壤有机质与重金属离子的络合作用，对土壤和水体中重金属离子的固定和迁移有极其重要的影响。

（2）土壤有机质对农药等有机污染物的固定作用

土壤有机质对农药等有机污染物有强烈的亲和力，对有机污染物在土壤中的生物活性、残留、生物降解、迁移和蒸发等过程有重要影响。土壤有机质是固定农药最重要的土壤组成成分，其固定能力与腐殖物质的数量、类型和空间排列密切相关，也与农药本身性质有关。一般认为，极性有机污染物可以通过离子交换和质子化、氢键、范德华力、配位体交换、阳离子桥和水桥等各种不同机理与土壤有机质结合。

（3）土壤有机质对全球碳平衡的影响

土壤有机质是全球碳平衡过程中非常重要的碳库。据估计，全球土壤有机质的总碳量在 $14 \times 10^{17} \sim 15 \times 10^{17}$ g，大约是陆地生物总碳量（5.6×10^{17} g）的2.5倍。每年因土壤有机质生物分解释放到大气的总碳量为 68×10^{15} g，全球每年因焚烧燃料释放到大气的碳仅为 6×10^{15} g，是土壤呼吸作用释放碳的8%～9%。可见，土壤有机质损失对地球自然环境具有重大影响。从全球来看，土壤有机碳水平的不断下降，对全球气候变化的影响将不亚于人类活动向大气排放的影响。

2. 土壤有机质的管理

在自然土壤中，土壤有机质含量反映了植物枯枝落叶、根系等有机质的加入量与有机质分解而产生损失量之间的动态平衡。自然土壤一旦被耕作农用以后，这种动态平衡关系就会遭到破坏。一方面，由于耕地上除作物根茬及根的分泌物外，其余的生物量大部分会作为收获物被取走，这样进入耕作土壤中的植物残体量比自然土壤少；另一方面，耕作等农业措施常使表层土壤充分混合，干湿交替的频率和强度增加，土壤通气性变好，导致土壤有机质的分解速度加快。适宜的水分条件和养分供应也促使微生物更为活跃。

除此之外，耕作会使土壤侵蚀增加，土层变薄，也在一定程度上减少了土壤有机质。通常的趋势是对于有机质含量高的土壤，随着耕种年数的递增，土壤有机质含量降低。土壤有机质含量降低导致土壤生产力下降已成为世界各国关注的问题。我国人多地少、复种指数高，保持适量的土壤有机质含量是我国农业可持续发展的一个重要因素。然而，对于有机质含量较低的土壤（如侵蚀性红壤、漠境土等），耕种后通过施肥等措施进入土壤的有机物质数量较荒地条件下明显增加，因而有机质含量将逐步提高。

我国耕地土壤的现状是有机质含量偏低，必须不断添加有机物质才能将土壤有机质水平提高，使土壤活性有机质保持在适宜的水平，既能保持土壤良好的结构，又能不断地供给作物生长所需要的养分。尽管因气候条件、土壤类型、利用方式、有机物质种类和用量等的不同使土壤有机质含量提高的幅度有显著的差异，但施用有机肥在各种土壤及不同种植方式下都能提高耕地土壤有机质的水平。通常用"腐殖化系数"作为有机物质转化为土壤有机质的换算系数，它是单位质量的有机物质碳在土壤中分解一年后的残留碳量。同类有机物质在不同地区的腐殖化系数不同，同一地区不同有机物质的腐殖化系数也不同。

（三）土壤生物

1. 土壤微生物

土壤微生物是地表下数量最巨大的生命形式。土壤微生物按形态学来分，主要包括原核微生物（古菌、细菌、放线菌、蓝细菌、黏细菌）、真核微生物（真菌、藻类和原生动物），以及无细胞结构的分子生物。采用传统方法可培养的土壤微生物只占总数的一小部分，有人推测约占其中的 0.1%。

因此，人们常常通过生物化学、分子生物学等技术分析土壤微生物的数量、群落结构及活性。最常见的指标包括土壤微生物生物量、土壤微生物多样性和土壤酶等。

2. 土壤动物

土壤中的动物按自身大小，可分为微型土壤动物（如原生动物和线虫等）、中型土壤动物（如螨等）和大型土壤动物（如蚯蚓、蚂蚁等）。虽然土壤动物生物量相对较少，但其在促进土壤养分循环方面起着重要作用。土壤动物能直接或间接地改变土壤结构。直接作用是指掘穴、残体再分配以及含有未消化残体和矿质土壤粪便的沉积作用；间接作用是指土壤动物的行为改变了地表或地下水分的运动、颗粒的形成，以及水、风和重力运输的溶解物，影响物质运输。

3. 土壤中的植物根系

高等植物根系虽然只占土壤体积的 1%，但其呼吸作用却占土壤的 $1/4 \sim 1/3$。根据尺寸大小，根系可被认为是中型或微型生物，其主要作用是将根部固定到土壤中，另外就是增大根部的表面积，使其能从土壤中吸收更多的水分和营养。植物根系的活动能明显影响着土壤的化学和物理性质。同时，植物根系与其他生物之间也常常存在竞争或协同关系。

（四）土壤水、空气和热量

1. 土壤水分

土壤水是土壤的最重要组成部分之一，对土壤的形成和发育以及土壤中物质和能量运移有着重要影响。土壤水是植物生存和生长的物质基础，是作物水分的最主要来源。水具有可溶性、可移动性和比热高等理化性质，是土壤中许多化学、物理和生物学过程的介质，是土壤环境特征的重要方面。

按水在土壤中的存在状态通常可将其划分为固态水（化学结合水和冰）、液态水和气态水（水汽）。其中数量最多的是液态水，包括束缚水和自由水。束缚水包括吸湿水和膜状水，自由水又分为毛管水、重力水和地下水。这里主要介绍液态水。

（1）吸湿水

干土从空中吸着水汽所保持的水，称为吸湿水，又称紧束缚水，属于无效水分。在室内经过风干的土壤，实际上还含有水分。将风干的土壤样品放在烘箱里，在 $105\sim110℃$ 的温度下烘干，称为烘干土。如果把烘干土重新放在常温、常压的大气中，土壤质量又逐渐增加，直到与当时空气湿度达到平衡，并且随着空气湿度的变化而相应变动。风干土样与烘干土样间的重量差为吸湿水质量。

（2）膜状水

膜状水指由土壤颗粒表面吸附所保持的水层。膜状水的最大值叫最大分子持水量。膜状水对植物生长发育来说属于弱有效水分，又称为松束缚水分。由于部分膜状水所受吸引力超过植物根的吸水能力，更由于膜状水移动速度太慢，不能及时补给，所以高等植物只能利用土壤中部分膜状水。通常当土壤还含有全部吸湿水和部分膜状水时，高等植物就已经发生永久萎蔫了。

（3）毛管水

毛管水指借助于毛管力（势），吸持和保存在土壤孔隙系统中的液态水。它可以从毛管力（势）小的方向朝毛管力（势）大的方向移动，并被植物吸收利用。

（4）重力水和地下水

当大气降水或灌溉强度超过土壤吸持水分的能力时，土壤的剩余引力基本上已经饱和，多余的水由于重力作用通过大孔隙向下流失，这种形态的水称为重力水。有时因为土壤黏紧，重力水一时不易排出，暂时滞留在土壤大孔隙中，称为上层滞水。重力水虽然可以被植物吸收，但因为它很快就流失，所以实际上被利用的机会很少。当重力水暂时滞留时，却又因为占据了土壤大孔隙，有碍土壤空气的供应，反而对高等植物根系的吸水有不利影响。

如果土壤或母质中有不透水层存在，向下渗透的重力水，就会在它上面的土壤孔隙中聚积起来，形成一定厚度的水分饱和层，其中的水可以流动，成为地下水。地下水能通过支持毛管水的方式供应高等植物的需要。

2. 土壤空气

土壤空气在土壤形成和土壤肥力培育过程中，以及在植物生命活动和微生物活动中，都有着十分重要的作用。土壤空气中具有植物生活直接和间接需要的营养物质，如氧、氮、二氧化碳和水汽等，在一定条件下土壤空气起着与土壤固、液两相相同的作用。当土壤通气受阻时，土壤空气的容量和组成会成为作物产量的限制因子。因此，在农业实践中常需通过耕作、排水或改善土壤结构等措施促进土壤空气的更新，使植物生长发育有适宜的通气条件。

3. 土壤热量与热性质

土壤热量的最基本来源是太阳辐射能。同时，微生物分解有机质的过程是放热的过程，释放的热量，小部分被微生物自身利用，而大部分可用来提高土温。进入土壤的植物组织，每千克植物含有 16.745 ～ 20.932 kJ 的热量。据估算，含有机质 4% 的土壤，每平方米耕层有机质的潜能为 1.55×10^6 ～ 1.70×10^6 kJ，相当于 4.9 ～ 12.4 t 无烟煤的热量。在保护地蔬菜的栽培或早春育秧时，施用有机肥，并添加热性物质，如半腐熟的马粪等，就是利用有机质分解释放出的热量来提高土温的，以便促进植物生长或幼苗早发快长。

土壤的热性质是土壤物理性质之一，是指影响热量在土壤剖面中的保持、传导和分布状况的土壤性质。它包括三个物理参数：土壤热容量、导热率和导温率。土壤热性质是决定土壤热状况的内在因素，也是农业上控制土壤热状况，使其有利于作物生长发育的重要物理因素，可通过合理耕作、表面覆盖、灌溉、排水及施用人工聚合物等措施加以调节。

二、土壤污染

（一）土壤污染的特点

土壤污染不像大气与水体污染那样容易被人们发现，因为土壤是复杂的三相共存体系。有害物质在土壤中可与土壤相结合，部分有害物质可被土壤生物所分解或吸收。当土壤有害物迁移至农作物，再通过食物链而损害人畜健康时，土壤本身可能还继续保持其生产能力，这更增加了对土壤污染危害性的认识难度，以致污染危害持续发展。土壤环境污染危害具有以下的特点。

1. 隐蔽性或潜伏性

水体和大气的污染比较直观，土壤污染则不同。土壤污染需要通过粮食、蔬菜、水果或牧草等农作物的生长状况的改变，或摄食受污染农作物的人或动物健康状况的变化才能反映出来。特别是土壤重金属污染，往往要通过对土壤样品进行分析化验和对农作物重金属的残留进行检测，甚至研究其对人、畜健康状况的影响才能确定。

2. 不可逆性和长期性

土壤一旦受到污染往往极难恢复，特别是重金属对土壤的污染几乎是一个不可逆过程，而许多有机化学物质的污染也需要一个比较长的降解时间。土壤重金属污染一旦发生，仅仅依靠切断污染源的方法很难恢复。土壤中重金属污染物大部分残留于土壤耕层，很少向下层移动。这是由于土壤中存在着有机胶体、无机胶体和有机 – 无机复合胶体，它们对重金属有较强的吸附和整合能力，限制了重金属在土壤中的迁移。解决土壤重金属污染问题，有时要靠换土、淋洗等特殊方法。

3. 间接危害性

土壤对污染物具有富集作用，也就是土壤通过对污染物的吸附、固定作用，包括植物吸收与残落，从而使污染物聚集于土壤中。多数无机污染物特别是重金属和微量元素，都能与土壤有机质或矿质相结合，并长久地保存在土壤中。其后果如下：

一是进入土壤的污染物被植物吸收，并可以通过食物链危害动物和人体健康。植物从土壤中选择吸收必需的营养物，同时也会吸收土壤释放出来的有害物质。植物的吸收利用，有时能使污染物浓度达到危害自身或危害人畜的水平。即使食用的污染性植物产品不会引起急性毒性危害，或没有达到毒害水平，当它们为人、畜禽食用并且在动物体内排出率较低时，也可以逐日积累，由量变到质变，最后引发疾病。

二是土壤中日积月累的有害物质，可成为二次污染源。土壤中的污染物随水分渗漏在土壤内发生移动，可对地下水造成污染，也可通过地表径流进入江河、湖泊等，对地表水造成污染。土壤遭风蚀后，其中的污染物可附着在土粒上被扬起，有些污染物也以气态的形式进入大气。因此，污染的土壤可造成大气和水体的二次污染。

4. 难治理性

一般地，大气和水体受到污染时，切断污染源之后，在稀释和自净作用下，大气和水体中的污染物可逐步降解或消除，污染状况也有可能会改善。但积累在土壤中的难降解性污染物很难靠稀释和自净作用来消除。土壤污染一旦发生，仅仅依靠切断污染源的方法一般很难恢复，有时要靠置换、淋洗土壤等方法才能解决问题，其他治理技术见效较慢。因此，治理污染土壤通常成本较高、治理周期较长。

（二）土壤污染的类型

根据土壤环境主要污染物的来源和土壤环境污染的途径，我们可把土壤环境污染的发生类型归纳为以下几种。

1. 水质污染型

水质污染型，其土壤环境污染源主要是工业废水、城市生活污水和受污染的地面水体。利用经过预处理的城市生活污水或某些工业废水进行农田灌溉，如果使用得当，一般可有增产效果，因为这些污水中含有许多植物生长所需要的营养元素。同时又节省了灌溉用水，并且使污水得到了土壤的净化，减少了治理污水的费用等。但因为城市生活污水和工矿企业废水中还含有许多有毒、有害的物质，成分相当复杂。若这些污水、废水直接排入农田，可造成土壤环境的严重污染。

经由水体污染所造成的土壤环境污染，其分布特点是：由于污染物质大多以污水灌溉形式从地表进入土体，所以污染物一般集中于土壤表层。但是，随着污灌时间的延续，某些污染物质可随水自上部向土体下部迁移，以至达到地下水层。这是土壤环境污染的最主要发生类型。它的特点是沿已被污染的河流或干渠呈树枝状或片状分布。

2. 大气污染型

大气污染型，其土壤环境污染物质来自被污染的大气。经由大气的污染而引起的土壤环境污染，主要表现在以下几方面：

①工业或民用煤的燃烧所排放出的废气中含有大量的酸性气体如二氧化硫、二氧化氮等和汽车尾气中的铅化合物、NO_x 等经降雨、降尘而输入土壤。

②工业废气中的粒状浮游物质（包括飘尘）如含铅、镉、锌、铁、锰等的微粒，经降尘而落入土壤。

③炼铝厂、磷肥厂、砖瓦窑厂、氰化物生产厂等排放的含氟废气，一方面可直接影响周围农作物，另一方面可造成土壤的氟污染。

④原子能工业、核武器的大气层试验产生的放射性物质，随降雨、降尘而进入土壤，对土壤环境产生放射性污染。

经由大气的污染所造成的土壤环境污染，其特点是以大气污染源为中心呈椭圆状或条带状分布，长轴沿主风向伸长。其污染面积和扩散距离取决于污染物质的性质、排放量以及排放形式。例如，西欧和中欧工业区采用高烟囱排放，二氧化硫等酸性物质可扩散到北欧斯堪的那维亚半岛，使该地区土壤酸化。汽车尾气是低空排放，只对公路两旁的土壤产生污染危害。

大气污染型土壤的污染物质主要集中于土壤表层，耕作土壤则集中于耕层。

3. 固体废弃物污染型

固体废弃物是指被丢弃的固体状物质和泥状物质，包括工矿业废渣、污泥和城市垃圾等。在土壤表面堆放或处理、处置固体废物、废渣，不仅占用大量耕地，而且可通过大气扩散或降水淋滤，使周围地区的土壤受到污染，所以称为固体废弃物污染，其污染特征属点源性质，主要是造成土壤环境的重金属污染，以及油类、病原菌和某些有毒有害有机物的污染。

4. 农业污染型

所谓农业污染型是指由于农业生产的需要而不断地施用化肥、农药、城市垃圾堆肥、厩肥、污泥等所引起的土壤环境污染。其中主要污染物质是化学农药和污泥中的重金属。而化肥既是植物生长发育必需营养元素的供给源，又是日益增长的环境污染因子。

农业污染型的土壤污染轻重与污染物质的种类、主要成分，以及施药、施肥制度等有关。污染物质主要集中于表层或耕层，其分布比较广泛，属面源污染。

5. 综合污染型

必须指出，土壤环境污染的发生往往是多源性质的。对于同一区域受污染的土壤，其污染源可能同时来自受污染的地面、水体和大气，或同时遭受固体废弃物以及农药、化肥的污染。因此，土壤环境的污染往往是综合污染型的。但对于一个地区或区域的土壤来说，可能是以某一污染类型或某两种污染类型为主。

（三）土壤污染的危害

1. 引起土壤酸碱度的变化

如果长期给土壤施用酸性肥，会引起土壤酸化。施用碱性肥及粉尘（水泥）长期散落在土壤中，又可引起土壤的碱化。最近几年世界各地不断出现的酸雨，尤其是北欧造成土壤酸化的现象比较普遍和严重，以至影响农作物的生长发育，最后导致减产。

2. 直接影响植物的生长

土壤中如有较浓的砷残留物存在时，会阻止树木生长，使树木提早落叶，果实萎缩、减产；如有过量的铜和锌，能严重抑制植物的生长和发育。实践证明，土壤用镉溶液灌溉，对小麦和大豆的生长及产量均有影响，随着施镉量的增加，植物体内镉含量也增加，从而使产量降低，当使用 2.5 mg/L 镉溶液灌溉时，大豆除生长缓慢外，还表现出病状（中毒症状），使靠近主茎的叶脉变为微红棕色，如果镉浓度再加大时，叶脉的棕色进一步扩大到整片叶子，剧烈中毒时大豆的叶绿素也会遭到破坏。目前，全国农产品有毒有害物质残留问题日趋严重，已成为制约农村经济发展的重要因素。

3. 危害人体健康

土壤污染物被植物吸收后，通过食物链危害人体健康，如日本的骨痛病就是镉污染土壤，并通过水稻，引起人的镉中毒事件。总之，某些污染物，特别是重金属污染物进入土壤后，能被土壤吸收积累，然后又被植物吸收积累，当人、畜食用这些植物或种子、果实时便会引起慢性或急性中毒，从而影响人体健康。

第二节　土壤环境监测方案的制订

一、资料的收集

广泛收集相关资料，包括自然环境和社会环境方面的资料，有利于科学、优化布设监测点和后续监测工作。

自然环境方面的资料包括：土壤类型、土壤环境背景值、土类、成土母质、地形地貌等土壤信息资料；温度、降水量和蒸发量等气象资料；地表水和地下水、地质条件、水土流失等水文资料；相应的图件（如交通图、土壤图、地质图、大比例尺地形图等资料，供制作采样图和标注采样点位用）；遥感与土壤利用及其演变过程等方面的资料。

社会环境方面的资料包括：工农业生产布局、人口分布及相应图件（如行政区划图等）。

污染资料调查包括：工业污染源种类与分布，污染物种类及排放途径和排放量，农药和化肥使用情况，污水灌溉及污泥使用情况，工程建设或生产过程对土壤造成影响的环境研究资料，造成土壤污染事故的主要污染物的毒性、稳定性以及如何消除等资料，地方病等。

资料收集后，需要现场踏勘，将调查得到的信息进行整理和利用，丰富采样工作图的内容。

二、监测项目

土壤监测项目一般根据监测目的而定。背景值调查是为了研究土壤中各种元素的含量水平，要求测定项目多。污染事故监测只测定可能造成土壤污染的项目。土壤质量监测测定那些影响自然生态和植物正常生长以及危害人体健康的项目。

《农田土壤环境质量监测技术规范》（NY/T 395—2012）将监测项目分为三类，即规定必测项目、选择必测项目和选择项目。《土壤环境监测技术规范》（HJ/T 166—2004）将监测项目分为常规项目、特定项目和选测项目。常规项目原则上为《土壤环境质量 农用地土壤污染风险管控标准（试行）》（GB 15618—2018）和《土壤环境质量 建设用地土壤污染风险管理标准（试行）》（GB 36600—2018）中所要求控制的污染物。特定项目为国家标准 GB 15618—2018 和 GB 36600—2018 中未要求控制的污染物，但根据当地环境污染状况，确认在土壤中积累较多、对环境危害较大、影响范围广、毒性较强的污染物，或者污染事故对土壤环境造成严重不良影响的物质，具体项目由各地自行确定。选测项目一般包括新纳入的在土壤中积累较少的污染物、由于环境污染导致土壤性状发生改变的土壤性状指标以及生态环境指标等，由各地自行选择测定。

（一）布设原则

土壤是一个开放的缓冲动力学体系，与外界环境不断进行物质和能量交换，但又具有物质和能量相对稳定和均匀性差的特点。为了使布设的采样点具有代表性和典型性，应遵循下列基本原则。

①合理划分采样单元，大单元分成相对均匀的小单元，设立对照单元。可按照土壤接纳污染物的途径（如大气污染、农灌污染、综合污染等），参考土壤类型、农作物种类、耕作制度等因素，划分采样单元，同一单元的差别应尽可能缩小。背景值调查一般按照土壤类型和成土母质划分采样单元，因为不同类型的土壤和成土母质的元素组成和含量相差较大。

②对于土壤污染监测，考虑污染源类型，哪里有污染就在哪里布点，优先布设在那些污染严重、影响农业生产活动的地方。

③采样点应避开田边、沟边、路边、肥堆边和水土流失严重、表层土严重破坏的地点。

④"随机"和"等量"原则。一方面，样品是由总体中随机采集的一些个体所组成的，样品与总体之间，既存在同质的"亲缘"关系，样品可作为总体的代表，也存在着一定程度的异质性，差异越小，样品的代表性越好；反之亦然。为了使采集的监测样品具有代表性，必须避免一切主观因素，使组成总体的个体有同样的机会被选入样品，即组成样品的个体应当是随机地取自总体。另一方面，一组需要比较的样品应当由同样的个体组成，否则较多的个体所组成的样品，其代表性会大于较少的个体组成的样品。所以"随机"和"等量"是决定样品具有同等代表性的重要条件。

（二）布点方法

要根据调查目的、调查精度和调查区域环境状况等因素确定监测单元。大气污染型土壤监测单元和固体废物堆污染型土壤监测单元采用以污染源为中心的放射状布点法，在主导风向和地表水的径流方向适当增加采样点（离污染源的距离远于其他点）；农用固体废物污染型土壤监测单元和农用化学物质污染型土壤监测单元采用均匀布点法；灌溉水污染监测单元采用按水流方向的带状布点法，采样点自纳污口起由密渐疏；综合污染型土壤监测单元布点采用综合放射状、均匀、带状布点法。

1. 简单随机布点

将监测单元分成网格，每个网格编上号码，决定采样点样品数后，随机抽取规定的样品数的样品，其样本号码对应的网格号，即为采样点。随机数的获得可以利用掷骰子、抽签、查随机数表的方法。关于随机数骰子的使用方法可见《随机数的产生及其在产品质量抽样检验中的应用程序》（GB/T 10111—2008）。简单随机布点是一种完全不带主观限制条件的布点方法。

2. 分块随机布点

根据收集的资料，如果监测区域内的土壤有明显的几种类型，则可将区域分成几块，每块内污染物较均匀，块间的差异较明显。将每块作为一个监测单元，在每个监测单元内再随机布点。在正确分块的前提下，分块布点的代表性比简单随机布点好，如果分块不正确，分块布点的效果可能会适得其反。

3. 系统随机布点

将监测区域分成面积相等的几部分（网格划分），每个网格内布设一个采样点，这种布点称为系统随机布点。如果区域内土壤污染物含量变化较大，系统随机布点比简单随机布点所采样品的代表性要好。

第三节　土壤样品的采集与预处理

一、土壤样品的采集

（一）收集基础资料

为了使采集的样品具有代表性，首先必须对监测的地区进行调查，收集以下基础资料：

①监测区域的交通图、土壤图、地质图、大比例尺地形图等资料，供制作采样工作图和标注采样点位用。

②监测区域土类、成土母质等土壤信息资料。

③土壤历史资料。

④监测区域工农业生产及排污、污灌、化肥农药施用情况资料。

⑤收集监测区域气候资料（温度、降水量和蒸发量）、水文资料。

（二）布设采样点

大气污染型土壤监测单元和固体废物堆污染型土壤监测单元采用以污染源为中心的放射状布点法，在主导风向和地表水的径流方向适当增加采样点；农用固体废物污染型土壤监测单元和农用化学物质污染型土壤监测单元采用均匀布点法；灌溉水污染监测单元采用按水流方向的带状布点法，采样点自纳污口起逐渐由密变疏；综合污染型土壤监测单元布点采用综合放射状、均匀、带状布点法。由于土壤本身在空间分布上具有一定的不均匀性，所以应多点采样并均匀混合成为具有代表性的土壤样品，根据采样现场的实际情况选择合适的布点方法。

（三）准备采样器具

①工具类：铁锹、铁铲、圆状取土钻、螺旋取土钻、竹片以及适合特殊采样要求的工具等。

②器材类：罗盘、相机、卷尺、铝盒、样品袋、样品箱等。

③文具类：样品标签、采样记录表、铅笔、资料夹等。

④安全防护用品：工作服、工作鞋、安全帽、药品箱等。

⑤采样用车辆。

（四）确定采样频率

监测项目分常规项目、特定项目和选测项目。常规项目是指国家标准 GB 15618—2018 和 GB 36600—2018 中所要求控制的污染物。特定项目是指国家标准 GB 15618—2018 和 GB 36600—2018 中未要求控制的污染物，但根据当地环境污染状况，确认在土壤中积累较多、对环境危害较大、影响范围较广、毒性较强的污染物，或者污染事故对土壤环境造成严重不良影响的物质，具体项目由各地自行确定。选测项目一般包括新纳入的在土壤中积累较少的污染物、由于环境污染导致土壤性状发生改变的土壤性状指标以及生态环境指标等。

（五）确定采样类型及采样深度

1. 土壤样品的类型

（1）混合样

一般了解土壤污染状况时需采集混合样品，它由一个采样单元内各采样分点采集的土样混合均匀制成。对种植一般农作物的耕地，只需采集 0 ～ 20 cm 耕作层土壤；对于种植果林类农作物的耕地，应采集 0 ～ 60 cm 耕作层土壤。

（2）剖面样品

特定的调查研究监测需了解污染物在土壤中的垂直分布时，需采集剖面样品，按土壤剖面层次分层采样。

2. 采样深度

采样深度视监测目的而定。一般监测采集表层土，采样深度为 0 ～

20 cm。如果需了解土壤污染深度，则应按土壤剖面层次分层采样。土壤剖面是指地面向下的垂直土体的切面。典型的自然土壤剖面分为 A 层（表层，淋溶层）、B 层（亚层，沉积层）、C 层（风化母岩层，母质层）和底岩层。地下水位较高时，剖面挖至地下水出露时为止；山地丘陵土层较薄时，剖面挖至风化母岩层。

采样土壤剖面样品时，剖面的规格一般为长 1.5 m、宽 0.8 m、深 1 ~ 1.5 m，一般要求达到母质层或潜水处即可。将朝阳的一面挖成垂直的坑壁，而与之相对的坑壁挖成每阶为 30 ~ 50 cm 的阶梯状，以便上下操作，表土和底土分两侧放置。根据土壤剖面颜色、结构、质地、松紧度、植物根系分布等划分土层，并进行仔细观察，将剖面形态、特征自上而下逐一记录。随后在各层最典型的中部自下而上逐层采样，先采剖面的底层样品，再采中层样品，最后采上层样品。在各层内分别用小土铲切取一片片土壤样，每个采样点的取土深度和取样量应一致。根据监测目的和要求可获得分层试样或混合样，用于重金属分析的样品，应将与金属采样器接触部分的土样弃去。对 B 层发育不完整（不发育）的山地土壤，只采 A、C 两层。

（六）确定采样量

具体需要多少土壤数量视分析测定项目而定，一般要求为 1 kg 左右。对多点均量混合的样品可反复按四分法取样，最后留下所需的土量，装入塑料袋或布袋中。

二、土壤样品的预处理

在土壤样品的分析监测中，首先要根据分析项目的不同，对样品进行预处理，然后进行待测组分的测定。常用的处理方法有湿法消化法、干法灰化法、溶剂提取法和碱熔法。

（一）湿法消化法

湿法消化法是将土壤样品与一种或两种以上的强酸（如硫酸、硝酸、高氯酸等）共同加热浓缩至一定体积，使有机物分解成二氧化碳和水而除去的方法，也称湿法氧化法。消化的作用是破坏、除去土壤中的有机物；溶解固体物质；将各种形态的金属变为同一种可测态。为了加快氧化速度，可加入过氧化氢、高锰酸钾、过硫酸钾和五氧化二钒等氧化剂和催化剂。

（二）干法灰化法

干法灰化法是根据待测组分的性质，选用铂、石英、银、镍或瓷坩埚盛放样品，将其置于高温电炉中加热，控制温度在 450 ～ 550℃，使其完全灰化，残渣溶解后供分析用的方法，也称为燃烧法或高温分解法。

对于易挥发的元素，如汞、砷等，为避免高温灰化所造成的损失，可用氧瓶燃烧法进行灰化。此法是将样品包在无灰滤纸中，滤纸包钩在磨口塞的铂丝上，瓶中预先充入氧气和吸收液，将滤纸引燃后，迅速盖紧瓶塞，让其燃烧灰化，摇动瓶子让燃烧产物溶解于吸收液中，溶液供分析用。

（三）溶剂提取法

分析土壤样品中的有机氯、有机磷农药和其他污染物时，由于这些污染物的含量是微量的，如果要得到正确的分析结果，就必须在两个方面采取措施：一方面是尽量使用灵敏度较高的先进仪器及分析方法；另一方面是利用较简单的仪器设备，对环境分析样品进行浓缩、富集和分离。常用的方法是溶剂提取法。用溶剂将待测组分从土壤样品中提取出来，提取液供分析用。提取方法有下列几种：

1. 振荡浸取法

将一定量经制备的土壤样品置于容器中，加入适当的溶剂，放置在振荡器上振荡一定时间，过滤，用溶剂淋洗样品，或再提取一次，并合并提取液。此法用于土壤中酚、油类等的提取。

2. 索式提取法

索式提取法是将经过制备的土壤样品放入滤纸筒中或用滤纸包紧，置于回流提取器内用有机溶剂进行提取。选取什么样的溶剂，应根据分析对象来定。例如，对极性小的有机氯农药采用极性小的溶剂（如己烷、石油醚）；对极性强的有机磷农药和含氧除草剂采用极性强的溶剂（如二氯甲烷、三氯甲烷）。

3. 柱层分析法

柱层分析法一般是指当含被分析样品的提取液通过装有吸附剂的吸附柱时，相应被分析的组分吸附在固体吸附剂的活性表面上，然后用合适的溶剂淋洗出来，达到浓缩、分离、净化的目的。常用的吸附剂有活性炭、硅胶、硅藻土等。

（四）碱熔法

碱熔法常用氢氧化钠和碳酸钠作为碱熔剂与土壤试样在高温下熔融，然后加水溶解，将待测组分转化为待测液。一般用于土壤中氟化物的测定。因该法添加了大量可溶性碱熔剂，容易引进污染物质，另外有些重金属如镉（Cd）、铬（Cr）等在高温熔融时容易损失。

第四节　固体废物样品的采集与制备

一、固体废物样品的采集

（一）采样方案设计

在固体废物采样前，应首先进行采样方案（采样计划）设计。方案的内容包括采样目的和要求、背景调查和现场踏勘、采样程序、安全措施、质量控制、采样记录和报告等。

1. 采样目的

采样的基本目的是从一批工业固体废物中采集具有代表性的样品，通过试验和分析，获得在允许误差范围内的数据。在设计采样方案时，应首先明确以下具体目的和要求：特性鉴别和分类；环境污染监测；综合利用或处置；污染环境事故调查分析和应急监测；科学研究；环境影响评价；法律调查、法律责任、仲裁等。

采样的目的明确后，要调查以下影响采样方案制订的因素：工业固体废物的产生（处置）单位、产生时间、产生形式（间断或连续）、储存（处置）方式；废物种类、形态、数量、特性（含物性和化性）；废物试验及分析允许的误差和要求；废物污染环境、监测分析的历史资料。

2. 采样程序

（1）采样步骤

①确定废物批量。

②选派采样人员。

③明确采样目的和要求。

④进行背景调查和现场踏勘。

⑤确定采样法。

⑥确定份样数和份样量。

⑦确定采样点。

⑧选择采样工具。

⑨制定安全措施。

⑩制定质量控制措施、采样、组成小样（或大样）。

（2）采样记录和报告

采样时应记录工业固体废物的名称、来源、数量、性状、储存、处置、环境、编号、份样量、份样数、采样点、采样方法、采样日期和采样人等信息。必要时，根据记录填写采样报告。

（二）采样技术

1. 采样法

（1）简单随机采样法

一批废物，当对其了解很少，且采取的份样比较分散也不影响分析结果时，对这批废物不做任何处理，不进行分类也不进行排队，而是按照其原来的状况从这批废物中随机采取份样。

抽签法：先对所有采取份样的部位进行编号，同时把号码写在纸片上（纸片上号码代表采取份样的部位），掺和均匀后，从中随机抽取份样数的纸片，抽中号码的部位，就是采取份样的部位，此法只适宜在采取份样的点不多时使用。

随机数字表法：先对所有采取份样的部位进行编号，有多少部位就编多少号，最大编号是几位数，就使用随机数表的几栏（或几行）合在一起使用，从随机数字表的任意一栏、任意一行数字开始数，碰到小于或等于最大编号的数码就记下来（碰上已抽过的数就不要它），直到抽够份数为止。抽到的号码，就是采取份样的部位。

（2）系统采样法

一批按一定顺序排列的废物，按照规定的采样间隔，每间隔采取一个份样，组成小样或大样。

（3）分层采样法

根据对一批废物已有的认识，将其按照有关标志分若干层，然后在每层中采取份样。在一批废物分次排出或某生产工艺过程的废物间歇排出过程中，可分几层采样，根据每层的质量，按比例采取份样。同时，必须注意粒度比例，使每层所采取份样的粒度比例与该层废物粒度分布大致相符。

（4）两段采样法

简单随机采样、系统采样和分层采样都是一次就直接从一批废物中采取份样，称为单阶段采样。当一批废物由许多车、桶、箱和袋等容器盛装时，由于各容器件比较分散，所以要分阶段采样。

2. 份样量

一般来说，样品量多一些，才有代表性。因此，份样量不能少于某一限度；但份样量达到一定限度之后，再增加重量也不能显著提高采样的准确度。份样量取决于废物的粒度上限，废物的粒度越大，均匀性越差，份样量就应越多，它大致与废物的最大粒度直径某次方成正比，与废物不均匀性程度成正比。

二、固体废物样品的制备

（一）制样工具

制样工具包括粉碎机（破碎机）、药碾、钢锤、标准套筛、十字分样板和机械缩分器。

（二）制样要求

①在制样全过程中，应防止样品产生任何化学变化和污染。若在制样过程中，可能对样品的性质产生显著影响，应尽量保持原来状态。
②湿样品应在室温下自然干燥，使其达到适于破碎、筛分和缩分的程度。
③制备的样品应过筛后（筛孔为 5 mm），装瓶备用。

（三）制样程序

1. 粉碎

用机械或人工方法把全部样品逐级破碎。在粉碎过程中，不可随意丢弃难以破碎的粗粒。

2. 缩分

将样品于清洁、平整不吸水的板面上堆成圆锥形，每铲物料自圆锥顶端落下，使其均匀地沿堆尖散落，不可使圆锥中心错位。反复转堆，至少三周，使其充分混合。然后将圆锥顶端轻轻压平，摊开物料后，用十字板自上压下，分成四等份，取两个对角的等份，重复操作数次，直至不少于 1 kg 试样为止。在进行各项有害特性鉴别试验前，可根据要求的样品量进一步进行缩分。

（四）样品水分的测定

称取样品 20 g 左右，测定无机物时可在 105℃下干燥至恒重，测定水分含量；测定样品中的有机物时应于 60℃下干燥 24 小时，确定水分含量。固体废物测定结果以干样品计算，当污染物含量小于 0.1% 时以 mg/kg 表示，含量大于 0.1% 时则以百分含量表示，并说明是水溶性或总量。

（五）样品的保存

制好的样品密封于容器中保存（容器应对样品不产生吸附、不使样品变质），贴上标签备用。标签上应注明：编号、废物名称、采样地点、批量、采样人、制样人和时间等。特殊样品，可采取冷冻或充惰性气体等方法保存。制备好的样品，一般有效保存期为 3 个月，易变质的试样不受此限制。

第五节　固体废物有害特性监测

一、急性毒性

有害废物中会有多种有害成分，组分分析难度较大。急性毒性的初筛试验可以简便地鉴别并表达其综合急性毒性。急性毒性是指一次投给实验动物的毒性物质，其半数致死量小于规定值的毒性。其方法如下：

①以体重为 18 ～ 24 g 的小白鼠（或 200 ～ 300 g 大白鼠）作为实验动物，若是外购鼠，必须在本单位饲养条件下饲养 7 ～ 10 天，仍活泼健康者方可使用。实验前 8 ～ 12 小时和观察期间禁食。

②称取准备好的样品 100 g，置于 500 mL 带磨口玻璃塞的三角瓶中，加入 100 mL（pH 值为 5.8 ～ 6.3）水（固液比为 1∶1），振摇 3 min 于温室下静止浸泡 24 小时，用中速定量滤纸过滤，滤液留待灌胃用。

③灌胃采用 1（或 5）mL 注射器，注射针采用 9（或 12）号，去针头，磨光，弯曲成新月形。对 10 只小白鼠（或大白鼠）进行一次性灌胃，经口一次灌胃，

灌胃量为小白鼠不超过 0.4 mL/20 g（体重），大白鼠不超过 1.0 mL/100 g（体重）。

④对灌胃后的小白鼠（或大白鼠）进行中毒症状的观察，记录 48 小时内实验动物的死亡数目。根据实验结果，如出现半数以上的小白鼠（或大白鼠）死亡，则可判定该废物是具有急性毒性的危险废物。

二、易燃性

易燃性是指闪点低于 60℃的液态废物和经过摩擦、吸湿等自发的化学变化或在加工制造过程中有着火趋势的非液态废物，由于燃烧剧烈而持续，以至于会对人体和环境造成危害的特性。鉴别易燃性的方法是测定闪点。

（一）采用仪器

应采用闭口闪点测定仪，常用的配套仪器有温度计和防护屏。

1. 温度计

温度计采用 1 号温度计（−30 ～ 170℃）或 2 号温度计（100 ～ 300℃）。

2. 防护屏

防护屏采用镀锌铁皮制成，高度为 550 ～ 650 mm，宽度以适用为度，屏身内壁漆成黑色。

（二）测定步骤

按标准要求加热试样至一定温度，停止搅拌，每升高 1℃点火一次，至试样上方刚出现蓝色火焰时，立即读出温度计上的温度值，该值即测定结果。

操作过程的细节可参阅《闪点的测定　宾斯基 – 马丁闭口杯法》（GB/T 261—2008）。

三、腐蚀性

腐蚀性指通过接触能损伤生物细胞组织，或使接触物质发生质变，使容器泄漏而引起危害的特性。测定方法有两种：一种是测定 pH 值，另一种是测定在 55.7℃以下对钢制品的腐蚀率。下面介绍测定 pH 值的方法。

（一）仪器

采用 pH 计或酸度计，最小刻度单位在 0.1 pH 单位以下。

（二）方法

用与待测样品 pH 值相近的标准溶液校正 pH 计，并加以温度补偿。

①对含水量高、呈流态状的稀泥或浆状物料，可将电极直接插入进行 pH 值测量。

②对黏稠状物料可在离心或过滤后，测其滤液的 pH 值，对粉、粒、块状物料，称取制备好的样品 50 g（干基），置于 1 L 塑料瓶中，加入新鲜蒸馏水 250 mL，使固液比为 1 ∶ 5，加盖密封后，放在振荡机上（振荡频率 120 ± 5 次 / 分钟，振幅 40 mm）于室温下连续振荡 30 分钟，静置 30 分钟后，测上清液的 pH 值，每种废物取三个平行样品测定其 pH 值，差值不得大于 0.15，否则应再取 1 ～ 2 个样品重复进行试验，取中位值报告结果。

③对于高 pH 值（9 以上）或低 pH 值（2 以下）的样品，两个平行样品的 pH 值测定结果允许差值不超过 0.2，还应报告环境温度、样品来源、粒度级配，以及试验过程的异常现象，特殊情况试验条件的改变及原因。

四、浸出毒性

固体废物受到水的冲淋、浸泡，其中有害成分将会转移到水相而污染地面水、地下水，导致二次污染。

浸出试验采用规定办法浸出水溶液，然后对浸出液进行分析。我国规定的分析项目有：汞、镉、砷、铬、铅、铜、锌、镍、锑、铍、氟化物、氰化物、硫化物、硝基苯类化合物。浸出方法如下：

①称取 100 g（干基）试样（无法称取干基质量的样品则先测水分加以换算），置于容积为 2 L 具有内塞的广口聚乙烯瓶中，加水 1 L（先用氢氧化钠或盐酸调节 pH 值为 5.8 ～ 6.3）。

②将瓶子垂直固定在水平往复振荡器上，调节振荡频率为 110 ± 10 次 / 分钟，振幅 40 mm，在室温下振荡 8 小时，静置 16 小时。

③将样品用 0.45 μm 滤膜过滤。滤液按各分析项目要求进行保护，于合适条件下储存备用，每种样品做两个平行浸出试验，每瓶浸出液对欲测项目平行测定两次，取算术平均值报告结果；对于含水污泥样品，其滤液也必须同时加以分析并报告结果；试验报告中还应包括被测样品的名称、来源、采集时间，样品粒度级配情况，试验过程的异常情况，浸出液的 pH 值、颜色、乳化和分层情况；试验过程的环境温度及其波动范围、条件改变及其原因。

第五章 自动监测

由于环境污染问题的严峻性，在科学技术带动下，自动监测技术更需要发挥优势作用，只有合理化进行污染源监控管理，才能针对污染情况制订科学的应对方案。本章分为环境自动监测和污染源自动监测两部分，主要包括环境自动监测现状、环境自动监测存在的不足及建议、污染源自动监测需求分析、污染源自动监测系统的特征、污染源自动监测技术在环境保护中的应用等方面的内容。

第一节 环境自动监测

一、环境自动监测现状

环境自动监测监控系统是面向联网企业及政府相关部门的管控平台，其主要作用如下：服务企业，提供实时在线污染物排放浓度、排放量等数据，指导企业生产及污染防治工作；服务行政主管部门，管理辖区排污单位达标排污，严惩违法事件；服务地方政府，对区域的空气质量及水环境质量进行直接管控。另外，其还为税收、信访等部门提供可参考的依据。因此，环境自动监测监控系统具有举足轻重的地位。

环境自动监测监控用户操作平台作为环境自动监测监控系统的门户，是使用者直观操作的窗口。

（一）操作界面

环境自动监测监控用户操作平台为中文菜单界面，其设计人性化、简洁大方、一目了然、便于操作。对于管理者，进入后的主菜单直接显示全部站点名称、污染物浓度、流量等,并配备了业务审核处理功能的子菜单,实现站点业务办理。对于企业使用者,相同的界面里,只有本企业站点信息,只能进行本企业站点业务申请操作。

(二)权限管理

环境自动监测监控用户操作平台根据不同用户,通过分设账户,实现权限区别化设置,达到权限监管的目的。管理员账户为最高权限,由行业主管部门持有,可查看所有排污企业及环境的实时或历史污染物排放数据,办理相关业务的审核审批;企业账户由于企业持有普通权限,只能查看企业自有站点信息和申请自身业务。

(三)业务管理

环境自动监测监控用户操作平台提供了业务办理窗口,企业用户可通过操作平台办理联网、停产、恢复生产、设备故障填报、检修、数据有效性审核申报等业务。管理部门可通过环境自动监测监控用户操作平台反馈业务办理结果进度及审核意见。

(四)数据管理

1. 数据传输

数据传输是现场自动分析仪与环境自动监测监控用户操作平台之间的纽带,环境自动监测监控用户操作平台通过提升硬件性能,可实现数据达标传输。

2. 数据存储

环境自动监测监控用户操作平台对每个站点自联网之日起产生的数据进行储存,这些数据包括各污染物因子的实时浓度实测值,实时浓度折算值、日均值,污染物排放浓度、流量、总量等,为用户实时查询提供便利。

3. 图表自主切换

环境自动监测监控用户操作平台可以通过自由选择站点、污染因子、时间段等指标,自动生成图表。可用于同样生产工况、污染设施运行情况的整体评估,对于生产管理和环境监管具有积极的指导意义。

二、环境自动监测存在的不足及建议

（一）不足

1. 功能不全面

数据的源头是安装在污染物排放口的自动分析测试仪器，自动分析测试仪器在固定时间完成水样单一指标测试后，将测试结果上传到采集仪，采集仪通过数据传输系统传输到平台。分析测试仪、采集仪的公式参数直接决定了数据是否真实，因此环境自动监测监控系统应具备参数收录存储功能，并具备参数变化提醒功能。

2. 基础建设不足

随着数据存储量的激增和站点用户的日益增多，不可避免地导致前期充足的硬件设施变得吃力，从而发生用户使用故障，如现用户无法登录、界面无法打开、界面菜单无法点击操作等情况。当系统被多用户登录挤兑，造成的不仅是使用者体验感下降，更会使实时情况监管延迟，降低环境突发事件应急处理能力，企业和环境主管部门可能无法在第一时间赶赴现场排查解决问题。

3. 无短信通知功能

随着社会发展和科技进步，手机已经成了人们日常生活中不可或缺的一部分。为了更好地为人民服务，越来越多的门户网站实现了业务办理实时短信通知功能，仅需录入手机号码，便能实时收到业务办理信息，包含办理业务内容、业务办理进展及结果等。而环境自动监测监控系统的业务办理进展及结果只能靠人工通知。

4. 不具备数据高端处理功能

环境自动监测监控用户操作平台作为数据收集、汇总、处理中心，超标数据、异常数据、无效数据的处理均需要依靠人工，包括人工筛查、人工识别、人工审核、人工标记、人工移交。初期的工作量并不大，但是随着联入环境自动监测监控用户操作平台的站点越来越多，污染因子越来越多，环境自动监测监控系统的后台数据越来越庞大，工作量也越来越大。

（二）建议

1. 升级平台，增加功能

加强基础网络建设投入，增加资金投入，升级主机硬件指标，改善传输线路，解决卡顿、界面无法显示等问题；在硬件设施允许的前提下，改良平台功能，该收录的信息一并收入；添加移动通信提醒功能，为管理人员减负。

2. 实现跨平台互动或并网

解决独立平台最好的途径是摆脱平台的独立性，实现高端管控平台互助或者并网。首先，打通省、市、县平台之间的传输壁垒，实现数据共享，可以避免同属于三个平台的企业，重复申报、漏报、补报情况发生，以及有效审核材料。其次，跨平台合作，可以实现优劣互补，查漏补缺，在不需要重新搭建平台的前提下，用较低的经费，具备上级主管部门平台的高端功能，如实现动态管控、动态报警、远程全流程监控等。最后，可以节省财政预算。

3. 打造一站式直达管理模式

向政府服务类网站业务看齐，把环境自动监测监控用户操作平台与先进的通信技术结合，根据用户的需求权限，应告知尽告知，将业务办理流程、进展及办理的结果及时发送到办理者，实现"数据多跑腿，民众少跑腿"。

4. 配备复合型专业技术人员

环境自动监测监控系统是个多学科交叉的产物，其至少涉及环境、通信、计算机等多个领域，因此需要多部门专业人员的相互配合，在熟悉了解国家政策的前提下，及时对平台的功能进行调整，并及时应对由于主机硬件不足所造成的故障。

第二节　污染源自动监测

一、污染源自动监测需求分析

生态文明建设是我国的主要发展方向，各个城市在建设和发展的过程中，都要始终坚持这一发展战略。目前，我国生态文明建设、环境保护都取得了重要的成果，具体表现在：污染治理力度增大、思想意识有所提升、监管制度力度增强、制度日渐完善。在环境保护工程开展的过程中，实现污染源自动监测是此类工程中的重点。要实现对污染源的自动监测，不仅需要充分了解污染源的演变规律，还需要切实掌握污染源自动监测的需求。只有对这些情况有了充分的掌握，才能更为清晰地明确各个监测业务之间存在的紧密联系。

①污染源自动监测涉及的业务种类非常多，包含了现场监测、环境保护质量控制、数据分析与处理、污染预警等，因此，业务内容的多样性使得在开展污染源监测的过程中，需要加强不同主体、部门之间的合作，如在环境保护执法时，项目审批部门和环境监督管理部门之间存在着信息交换需求，需要针对这些需求情况，来制定更为有效的策略。

污染源自动监测的重点是对污染企业、排污口、采样数据、采样口、排放标准、分析方法等加以管理，根据最终的监测数据，来绘制环境保护监测项目标准化曲线。

②污染源自动监测，同样兼具用户权限管理的功能，在污染源自动监测系统内，系统维护的开展，可以在一定程度上保障监测数据的可靠性，根据这些监测数据与信息，可以有效指导环境保护监督执法工作。

③污染源自动监测，根据不同的划分标准，其应用也存在一定的区别，比如，可以根据污染源类型，来对全部企业、个别企业等开展污染检查，也可以根据时间周期安排，按月、按季来选定相应的行业，对污染源实施自动监测。

二、污染源自动监测系统的特征

（一）先进性特点

在开展环境问题监督管理过程中，污染源自动监测技术可以发挥诸多优势：可以发挥实时性特点和在线监测特点，在多样性环境保护方法中，该技术手段的先进性特点更为显著，工作人员在技术应用过程中可以准确掌握污染源数据信息，在监控后完成信息汇总，通过对数据信息的有效统计，将得出的结果准确传输给环境监督管理人员，通过专业人员分析后，环境保护监管部门也可以准确掌握环境保护信息。和传统人工监测手段相比，自动监测技术能更精准地掌握污染源具体位置和污染情况，通过准确定位及时为相关部门和群众发布预警信息，避免出现污染源二次污染问题。

（二）关联性特点

自动化技术在环境污染源监测中的应用，可以帮助工作人员掌握更为全面的环境数据信息，在环境监测效率全面提升过程中，有效进行数据信息的分析，工作人员通过对环境污染和环境质量的梳理，进一步明确行业污染源结构和等级分布差异，在此背景下，可以保证对污染物排放制定科学的管控手段，并进行正确治理。

（三）必要性特点

根据国家发展和城市建设要求，需要在全国范围内进行在线污染源监测系统的设置，通过此种方式实现对环境保护数据建设力度的提升。当前我国正处于经济飞速发展的关键时期，在此背景下，群众的发展观念也出现了明显转变。我们应认识到，过去粗放式经济发展模式已经无法满足现代化发展要求，所以在今后工作中要逐渐转变为集约式经济发展模式，在环境保护工作有力推进的背景下，保证技术导向型产业的稳定发展，只有这样才能保证工作理念始终满足群众日益增长的生活水平，全面提升环境适应性。

三、污染源自动监测技术在环境保护中的应用

（一）硬件设施

在污染源自动监测系统中，硬件设施是其中的关键，主要为各个地方的污染源监控中心，硬件设施的运行情况将会关系到整个系统的运行状态。在系统运行时，信息传输线路不可或缺，其存在使得自动监测设备和监控中心之间可以有效连接起来，从而对全部的设备设施进行实时、动态监测。硬件设施运行时，可以获得相应的污染物指标，而环境保护工作者可以随时掌握环境污染治理情况，如果在环境保护工程中存在尚未实施治理的污染源，或者治理未成功的污染源，会立即发出相应的反馈，提醒有关企业注重这方面的污染治理。

（二）污染源监控系统

污染源监测具有长期性和复杂性，如果要保障环境污染治理中相关数据的完整性和准确性，就必须保障污染源监测的连续性，使得专业工作人员可以根据这些监测数据，更为详细地掌握污染的具体情况，进而制订最为有效的污染治理方案，将环境损失降至最小。根据污染源数据情况的分析，就可以在最短

的时间内精准定位污染源，对于存在污染超标的企业，要切实监督企业承担相应的法律责任，规范其生产行为。

污染源自动监测系统，可以对企业的多个污染源开展同步监测，通过对数采仪的数据上报时间进行设置，可以使相关人员在规定的时间间隔内获得污染数据的具体情况。环境保护工作开展时，要严格根据数据分析结果来进行，监控系统在收集到了相关数据以后，这些数据就可以被快速传输到监测系统中，根据分析模块的污染物含量分析，来进行相应的操作。

（三）自动监测软件

自动监测软件是保障整个污染源自动监测系统可靠运转的重要构成要素，应用软件具体指的是污染源监控时所使用的数据库，在该数据库中可以集成和存储全部的数据信息，如污染源基本信息、物理治理设施信息、污染排放信息等，这些信息都可以在该数据库内得到有效的存储和利用。

因此，运用专有数据库，能够使系统保持最佳运行状态，并实现对各个监测要素的动态化监测，从而使污染源排放信息得到全面的掌握，也就可以在此基础上开展有针对性的污染治理，提升污染治理水平。

第六章 生态环境监测的现状

随着生态环境受到较为严重的破坏，社会各界开始对生态环境问题予以关注。为了确保生态环境得到保护，必须做好生态环境监测工作，并提出相关的解决措施。本章分为我国生态环境监测的现状、生态环境监测存在的问题、生态环境监测发展面临的新形势三部分，主要包括生态环境监测方法现状、生态环境监测指标体系现状、生态环境监测设备落后、生态环境监测技术水平较低、生态环境监测服务能力有限等方面的内容。

第一节 我国生态环境监测的现状

一、生态环境监测方法现状

生态环境监测就是对生态系统中的指标进行具体测量和判断，以获得生态系统中某一指标的关键数据，通过统计数据，来反映该指标的状况及变化趋势。这就为环境的建设提供了数据基础和帮助。如今，生态环境监测的方法主要有三种：一是地面的现场调查，这项工作需要人力、物力的配合，即要科技设备的支持，以便对环境破坏严重的地区进行考察实践；二是航空的低空照片研读，采用先进的小型侦察设备在平流层进行实况监测；三是靠源于外太空的一些数据，这就需要围绕地球转动的卫星在高空进行监测，科技含量比较高。在三种方法配合下，就可以节省开支、降低成本，并且监测结果良好。同时在监测时应该考虑到，每个地方的环境各异，测量方法也应随环境的变化而变化，这就要求在监测前应进行商讨，做好评估，考虑好备案，优中选优，以防环境的突发状况。

二、生态环境监测指标体系现状

生态环境监测的本质是环境信息的生产过程。现阶段的环境监测内容包括综合性指标、物理学指标、化学指标、生物学指标、生态学指标、毒理学指标等，或者分为环境质量指标、自然生态指标、环境保护建设指标等。我国环境监测体系存在很多不足，比如，我国在环境污染的监测上力度较小、起步较慢，缺乏实践，而且范围较小；我国偏重于生态过程的研究；我国现在的监测系统还没有具体的统一指标体系，有的现代化技术和监测技术不相适应，使得其无法应用。因此，全面建设监测指标体系将是我们的首要任务。

第二节　生态环境监测存在的问题

一、生态环境监测设备落后

随着环境保护工作的逐步推进，人们越发重视绿色环保理念，但是我国在生态环境的监测工作中仍旧存在一些问题有待解决，包括资金投入不足、缺少完善的设备设施等，究其根本，都是由于生态环境监测工作没有受到足够的重视。和发达国家相比，我国的生态环境监测设备仍须改进，政府及环境部门投入生态环境监测工作中的资金有限，甚至在部分地区用于生态环境监测的设备严重缺失。在多种因素的影响下，我国生态环境监测工作难以更进一步开展。

二、生态环境监测技术水平较低

目前，我国生态环境监测技术水平有待进一步提高。在不同地区经济发展水平不同的情况下，生态环境监测水平也存在较大差异。由于工业化的快速发展，工厂、企业排放的污染物种类逐渐增多，但对新环境下污染物监测方法的研究相对落后。在现有的监测方法和设备下，很多污染物的排放和监测很难达到预期标准。

三、生态环境监测服务能力有限

生态环境监测是科学管理环境和国家环境执法监督的重要依据。目前，我国的生态环境监测服务多由政府主导，而随着工业化水平的提高，企业不断壮大且数量不断增多，仅依靠政府进行生态环境监测不能满足实际的需求，也不能实现对所有企业的有效监管，这就导致了政府环境监测服务的局限性。在这种趋势下，政府放开生态环境监测市场，对此，环境主管部门有必要加强管理，以杜绝第三方检测机构为企业弄虚作假的情况发生。如何加强生态环境监测的市场准入和监管，确保生态环境监测服务的有序发展是一个重大问题。

四、生态环境监测人才储备不足

目前，我国很多环境监测机构存在人才空缺问题，现存的工作人员通常是凭借丰富的工作经验来展开工作的，对环境监测质量管理工作的认知和理解比较片面化。之所以出现这种现象，除了因为专业人才需求量大于供应量，还有环境监测机构自身的因素，其未能对员工专业培训重视起来，导致员工无法及时更新自己掌握的专业知识和技能。

除此之外，在我国目前的环境监测工作中，无论是我国自行研发的环境监测技术还是国外引进的技术，在运用过程中普遍存在缺乏质量管理的现象，存在着很大的质控风险。而且，管理系统上的缺陷会影响环境监测技术的实施，从而导致环境监测质量难以有效提高。

五、生态环境监测行业资金投入不足

环境监测行业作为一种新兴行业，与其他行业相比具有一定的特殊性。首先，其采用的监测设备比较先进，购置这些设备和后期维护都需要投入较大的经济成本；其次，环境监测设备在日常运行中，也会产生较大的费用；最后，监测设备与仪器的更新换代，也是一笔不菲的开支，这些开支远远超过了政府提供的资金支持，从而导致环境监测系统正常运行中，一旦设备出现问题，无法及时有效维修。

除此之外，在资金投入不足的情况下，环境监测设备的性能无法得到充分保障，相应的环境监测任务也不能及时有效执行，且仪器设备如果出现问题，其监测的数据准确性也会大大降低，影响环境监测信息的分析，对后续的环境监测及质量控制产生很大的影响。

六、生态环境监测质量管理制度不完善

目前，在生态环境监测工作中，并没有制定完善的质量管理体系，也没有制定相对应的工作措施。

一方面，缺乏完善的监督管理体系。在内部质量监督工作中，相关监管机构没有树立正确的观念，过分重视业务工作的开展，忽视质量控制工作，过分重视技术应用，忽视质量管理工作，这将大大增加内部质量监督问题发生的概率。在外部监督中，行政管理部门和市场部门负责环境质量监测。但由于专业人才严重缺乏，监测人员专业知识不足，容易出现外部质量监督管理问题。此外，有关部门还没有制定完善的监管工作体系，无法真正落实和贯彻生态环境监测质量监督管理工作。

另一方面，没有制定全面的质量保证体系。近年来，在环境监测质量监督管理中，注重维护监测机构的公正性和社会诚信。监测服务市场化改革实现后，社会监测机构将对提高社会经济发展水平发挥重要作用，可以显著提高环境和社会效益。但由于环境监测市场尚不成熟、不完善，也没有形成针对性的质量保证体系，这会给监测工作的顺利开展带来诸多不利影响。尤其是在利润的诱惑下，很容易出现数据不可靠、不真实等问题。

第三节　生态环境监测发展面临的新形势

一、法律法规对生态环境监测提出明确规定

我国资源环境领域相关法律法规对各自领域的生态环境监测都做出明确规定，生态环境监测在生态环境保护中的基础性地位显而易见。新修订的《中华人民共和国环境保护法》（2015 年 1 月 1 日施行）对各级人民政府组织开展环境质量监测、污染源监督性监测、应急监测、监测预报预警、监测信息发布等方面做出规定，强调生态环境监测要统一规划和统一发布信息。

（一）大气环境监测方面

2018 年第二次修正的《中华人民共和国大气污染防治法》规定国务院环境保护主管部门负责制定大气环境质量和大气污染源的监测和评价规范，组织建设与管理全国大气环境质量和大气污染源监测网，组织开展大气环境质量和大气污染源监测，统一发布全国大气环境质量状况信息。《中华人民共和国气象法》规定国务院气象主管机构负责组织进行气候监测、分析、评价，并对可能引起气候恶化的大气成分进行监测。

（二）水环境监测方面

《中华人民共和国水法》规定要加强水资源的动态监测和水功能区的水质状况监测。《中华人民共和国水污染防治法》规定国家建立水环境质量监测和水污染物排放监测制度，国务院环境保护主管部门负责制定水环境监测规范，统一发布国家水环境状况信息，会同国务院水行政等部门组织监测网络，统一规划国家水环境质量监测站（点）的设置。《中华人民共和国水土保持法》规定国务院水行政主管部门应当完善全国水土保持监测网络，对水土流失状况和变化趋势、水土流失危害、水土流失预防和治理等情况开展监测。《中华人民共和国海洋环境保护法》规定国家海洋行政主管部门负责海洋环境的监督管理，组织海洋环境的调查、监测、监视、评价和科学研究。

（三）土壤和土地沙化环境监测方面

《中华人民共和国农业法》提出各级人民政府应当建立农业资源监测制度，并对耕地质量进行定期监测。《中华人民共和国防沙治沙法》提出国务院林业行政主管部门组织其他有关行政主管部门对全国土地沙化情况进行监测、统计和分析，并定期公布监测结果。《中华人民共和国土地管理法》提出国家建立土地调查制度、土地统计制度，对土地利用状况进行动态监测。

（四）草原和森林等监测方面

《中华人民共和国草原法》提出国家建立草原生产、生态监测预警系统。县级以上人民政府草原行政主管部门对草原的面积、等级、植被构成、生产能力、自然灾害、生物灾害等草原基本状况实行动态监测。《中华人民共和国森林法》提出各级林业主管部门负责组织森林资源清查，建立资源档案制度。

二、绿色生态为生态环境监测带来重要机遇

互联网与生态文明建设的深度融合正在推进。"互联网+"绿色生态，集中体现在构建覆盖主要生态要素的资源环境承载能力动态监测网络，实现生态环境数据互联互通和开放共享。在此形势下，要求生态环境监测网络体系，既能保证监测数据规模足够大，尽量覆盖各地区、各要素、各时段；又要保证监测数据质量足够高，具备科学性、准确性、可比性；同时，还要保证监测信息能联网、能共享、能应用。当前，运用大数据加强和改进生态环境监管已是大势，以往"用眼睛看、用鼻子闻、跟感觉走"的粗放监管模式，逐渐转型发展为监

测和监管联动的精准监管模式。

此外，山水林田湖的完整性对统筹生态环境监测提出新要求。生态文明建设要树立尊重自然、顺应自然、保护自然的理念，坚持山水林田湖是一个生命共同体，不能人为割裂自成一体的生态系统。这是我国生态文明建设的理念，也是生态环境监测体制改革需坚持的基本原则。为了统筹监测水流、大气、土壤、森林、草原、海洋等生态环境要素，需对位于上风向与下风向、上游与下游、地上与地下、陆地与海洋的各个监测网络体系，进行整体布局和统一规划。目前，一些部门和地方正在开展相关示范工作。

三、生态文明重大制度建设要基于生态环境监测

建设生态文明，必须建立系统完整的生态文明制度体系，包括健全自然资源资产产权制度、编制自然资源资产负债表、建立生态环境损害责任终身追究制、实行资源有偿使用制度和生态补偿制度、生态文明建设目标评价考核制度等。这些重大制度的制定、执行、完善等，都有赖于健全的生态环境监测网络体系，也只有基于高质量的监测数据，才有助于构建包括源头严防、过程严管、后果严惩的约束机制，才能形成促进绿色发展、循环发展、低碳发展的激励机制。未来一段时期，我国生态环境风险呈高发频发态势，需及时开展有效的监测预警，提高环境风险防范能力，健全生态环境监测网络体系迫在眉睫。

第七章　环境监测未来发展对生态环境保护的意义

在我国生态环境保护事业不断发展的背景下，必须对生态环境保护的工作模式进行创新和改进，而环境监测工作是生态环境保护事业中的关键环节，精准的环境监测可以发挥极大的效果，为生态环境保护工作的开展提供数据支撑，有利于生态环保事业的长久发展，也能使生态环境保护工作更加符合社会发展的需求，使其与现阶段的经济形势相符，从而进一步提高生态环境保护工作效果。在生态环境保护中，环境监测是重要基础，对促进生态环境保护高效化发展具有重要意义。本章分为环境监测的未来发展趋势和环境监测对生态环境保护的意义两部分，主要包括监测对象更加广泛、制度等理论基础不断完善、生态环境监测站点越来越多、各项基础配套设施设备不断完善等方面的内容。

第一节　环境监测的未来发展趋势

一、监测对象更加广泛

国内环境监测侧重于城市环境监测，为有效改善此问题，应扩大监测对象，全方位监测城市环境、乡村环境以及山川河流、沙漠极地等更大范围的生态环境变化，有效预防自然灾害，促进社会的可持续发展。

二、制度等理论基础不断完善

统一管理是高效管理的前提，也是高效管理、提高管理质量的必要保障条件之一。对于提高生态环境监测管理质量，相关政府部门必须要高度重视对生态环境监测站点统一管理，统筹管理各个监测站点的信息数据，对其进行统一采集、统一收集、统一统计、统一分析，形成流程化、体系化的生态环境监测数据管理信息化平台。同时，还要明确相关执行制度与管理部门的职责与义务，快速推进制度与部门的融合健全，完善相关制度，推进生态环境的监测信息、技术及资源等的整合进程。

三、生态环境监测站点越来越多

为了最大限度发挥生态环境监测工作的作用与价值，在未来需建立更多的生态环境监测站点，在对更多区域进行生态环境监测的基础上分析与整合数据，形成全国统一的生态环境监测网络。同时，在发展国内生态环境监测基础上，加强与国外的交流与探讨，扩大生态环境监测的网络信息范围，提升生态环境监测工作效果。

四、各项基础配套设施设备不断完善

目前，我国加大了在生态环境监测方面的投入力度，在资金、资源条件等各方面的投入力度不断加大，健全并完善了各项生态环境监测的基础设施与设备，并在不断完善更新相关制度，打造全国范围内规范、统一的生态环境监测制度体系。除此之外，还有如将在全国范围内增加一些生态环境信息采集点、监测站等监测管理单位，改进并完善原有监测管理单位的基础设施与配套设备，打造标准规范的生态环境监测管理机制，逐渐形成全国范围内先进、完善的生态环境监测技术体系。

五、生态环境监测各项技术不断融合应用

未来几年，我国将不断完善生态环境监测的方法，引进先进技术，完善并提高自身的技术水平，加大在生态环境监测方面的科研力度，实现多种监测方式的有效融合与优化应用，逐步整合生态监测的新方式，推动生态环境监测技术走向信息化、数字化、智能化、自动化和规范化。在此基础上，将会完善各种监测设备，提高设备功能，提高设备获取信息的能力，实现系统化、信息化的监测手段，实现所获生态监测信息的连贯性、真实性，以及各种监测信息、数据等的融合共享，增强信息数据的传输效率。并且，在生态环境监测的手段上，也会有所更新，高度整合新型的技术手段和传统的技术手段，充分借助数字化、信息化、智能化的现代技术优势，实现生态环境监测工作的统筹协作，实现各国之间的生态环境监测资源数据共享。

第二节　环境监测对生态环境保护的意义

一、有利于做好环境治理工作

在工业生产中会产生一些环境污染物，如噪声、尾气、废水等，一些制造业对自然环境资源过度应用，也会打破生态环境的平衡，给人们自身的健康带来威胁。因此，需要做好环境监测工作。环境监测能够在环境保护中为其提供相关的依据，任何领域开展任何工作都需要一个标准参考，环境保护部门的环境监测工作需要围绕具体的标准展开，这样才能明确侧重点，对监测结果依据标准进行对照，才能了解污染程度，为后期的环保措施的制定提供准确的参考依据，让环境保护工作的开展更加科学化。在环境保护工作中通过环境监测还能够及时地监测污染动向，为环境保护工作提供参考，方便环境保护工作调整方向，帮助环境保护工作高效进行。生态环境具有一定的自我调节能力，但如果某地区污染量太大，超过生态环境的自我承受量就会导致生态环境被严重破坏，此时，环境监测技术人员可以结合区域内的环境状况，严格测定了解具体的污染物排放量，然后对其进行准确控制，给企业发放排污许可证，帮助区域内的经济实现更好的发展，帮助环境治理工作有效完成。

二、有利于进行环境管理工作

现阶段的经济社会发展中，环境工程同步实施，各类环境保护工作的开展，对区域环境评估、保护和修复具有重要的作用，尤其是对环境监测工作而言，有效实现了环境管理的现代化。事实上，因为环境保护工程的特殊性，一切环境管理工程的实施都应该以国家有关部门的保护条例、法律规范来开展，这就使得环境监测、环境保护的实施有效促进了环境问题的解决、监督和改进，大大提升了环境保护对社会的作用。环境监测中所获得的各种环境数据非常多，这些数据在经专门整合与处理以后，可以得出关于环境问题的成因，进而从源头上采取有效的管控策略，因此，环境监测下的环境管理更具科学性。

三、有利于提升环境保护工作效率

环境保护工作中涉及多方面内容，且易受到多种因素的影响。所以环境保护工作人员在实际进行工作的过程中会遇到各种问题，如大气污染刚刚解决完，又出现了水资源污染，很多时候只能抑制表面，不能真正解决问题。这是一项复杂性较高的工作，因此环境保护工作人员应该要制定有针对性的解决措施，减少工作的盲目性。而应用环境监测的方法恰好可以有效应对这一情况，如我国华北地区之所以频繁发生沙尘暴，不仅因为当地严重的大气污染，还因为当地对草地的过度开垦。而通过环境监测，可以制定出有效的预防措施。

四、有利于促进环境与经济协调发展

在我国经济社会长期处于粗放型的发展趋势下，各类活动开展的过程中，人们更为关注的是经济效益的实现，忽略了环境保护工作的开展，长期践行这一发展理念，导致经济与环境的协调性不足，各种环境污染问题的出现引发了严重的后果，所产生的恶劣影响在短时间内是难以消除的。随着环境保护理念在全社会范围内的推广，以及环境监测在环境保护中的应用，促进了环境与经济发展的同步性和协调性，将环境保护工作置于与经济发展同等重要的地位，在全社会范围内形成了一种新的工作机制，使得各种生产生活都得到了有效的监督，减小了环境问题出现的概率，创造了一个人与自然相对和谐的条件。

五、有利于提高生态环境监测质量管理水平

加强生态环境保护，要求我们能够对当前阶段生态环境的现状有充分的了解，使环境监测能够与实际情况更加契合，构建更加完备的国家环境质量监测体系，在条件允许的情况下，选择恰当区域设置生态环境监测中心，用于获取不同地区的环境监测数据，并对于数据信息进行汇总，充分了解不同地区的环境情况，从而指导当地政府有针对性地调整环境保护策略。无论是国家还是地方环境保护部门，都应当积极承担起作为促进环境保护工作开展主体的责任，打造国家与地方政府相结合的一体化的环境监测质量管理体系。从加强内部控制着手，不断优化质量监测技术，打造更加完备的质量管理制度，在必要时引入第三方监督主体，对于不合理、不满足规范要求的监测行为予以严厉处罚，从根本上消除徇私舞弊的现象，为环境监测工作的有序推进保驾护航。

参 考 文 献

［1］邢双军，吴李艳，王亚莎．新农村人文生态环境的保护与发展研究［M］．杭州：浙江大学出版社，2012．

［2］郭纯青，张志强，梁爽，等．变环境条件下的水资源保护与可持续利用研究［M］．北京：地质出版社，2015．

［3］江志华，叶海仁．环境监测设计与优化方法［M］．北京：海洋出版社，2016．

［4］卓光俊．环境保护中的公众参与制度研究［M］．北京：知识产权出版社，2017．

［5］任亮，南振兴．生态环境与资源保护研究［M］．北京：中国经济出版社，2017．

［6］黄功跃．环境监测与环境管理［M］．昆明：云南科技出版社，2020．

［7］张艳梅．污水治理与环境保护［M］．昆明：云南科技出版社，2020．

［8］王佳佳，李玉梅，刘素君．环境保护与水利建设［M］．长春：吉林科学技术出版社，2019．

［9］徐婷婷．中国农村环境保护现状与对策研究［M］．长春：吉林人民出版社，2019．

［10］胡雁．基于大数据技术的环境可持续发展保护研究［M］．昆明：云南科技出版社，2020．

［11］李云霞．环境监测全过程中如何提升环境监测质量研究分析［J］．环境与发展，2020（10）：176．

［12］祝翠．环境影响评价与全过程环保管理的思考［J］．环境与发展，2020，32（10）：18-19．

［13］王小华．环境监测在生态环境保护中的应用研究［J］．资源节约与环保，2020（10）：62-63．

［14］石磊.环境监测与治理过程中的难点及对策研究［J］.低碳世界，
　　　2020，10（10）：25-26.

［15］李萍娇.在生态环境保护中环境监测的影响与发展[J].中国新技术新产品，
　　　2020（7）：135-136.

［16］袁震.生态环境保护中环境监测的应用价值与方法［J］.资源节约与环保，
　　　2020（3）：48.

［17］刘丛.环境监测在生态环境保护中的效用及发展措施研究[J].环境与发展，
　　　2020，32（2）：183-184.